浙江水利工程遗产集萃

ZHEJIANG SHUILI GONGCHENG YICHAN JICUI

流淌的记忆

浙江省水利厅　浙江水利水电学院　编著

中国水利水电出版社
www.waterpub.com.cn

·北京·

图书在版编目（CIP）数据

流淌的记忆：浙江水利工程遗产集萃 / 浙江省水利厅，浙江水利水电学院编著. -- 北京：中国水利水电出版社，2022.3
ISBN 978-7-5226-0406-0

Ⅰ. ①流… Ⅱ. ①浙… ②浙… Ⅲ. ①水利工程－文化遗产－浙江 Ⅳ. ①K878.4

中国版本图书馆CIP数据核字(2022)第007456号

书 名	**流淌的记忆——浙江水利工程遗产集萃** LIUTANG DE JIYI——ZHEJIANG SHUILI GONGCHENG YICHAN JICUI	
作 者	浙江省水利厅　浙江水利水电学院　编著	
出版发行	中国水利水电出版社 （北京市海淀区玉渊潭南路 1 号 D 座　100038） 网址：www.waterpub.com.cn E - mail：sales@mwr.gov.cn 电话：（010）68545888（营销中心）	
经 售	北京科水图书销售有限公司 电话：（010）68545874、63202643 全国各地新华书店和相关出版物销售网点	
排 版	中国水利水电出版社微机排版中心	
印 刷	北京印匠彩色印刷有限公司	
规 格	184mm×260mm　16 开本　13.75 印张　240 千字	
版 次	2022 年 3 月第 1 版　2022 年 3 月第 1 次印刷	
印 数	001—600 册	
定 价	**128.00 元**	

审　　定：邬杨明

主　　编：王伟英　方　敏

副主编：郑盈盈　裴新平　谢根能　郭友平

摄　　影：刘柏良

序

英国著名历史学家汤因比有句名言：文明产生于挑战。他说，文明兴衰的基本原因是挑战和应战。一个文明，如果能成功地应对挑战，那么它就会诞生和成长起来；反之，如果不能成功地应对挑战，它就会走向衰落和解体。

中国是以农业立国的文明古国，而旱涝对农业生产的影响是决定性的。受自然地理和气候因素的影响，华夏民族繁衍生息的空间不时有水旱灾害来袭，严重时要么洪水滔天，汪洋一片，人或为鱼鳖；要么赤地千里，颗粒无收，饿殍载道。水旱灾害是劫难，也是砥砺人类文明进步的催化剂。距今4000多年前，全球到处"洪水滔天"。面对灭世洪水，西方人按照神明的示谕，建造了一艘巨大的"诺亚方舟"，才使躲避在舟上的各种生物得以存活。但在地处中南亚大陆的赤县神州，华夏先民们没有选择逃之夭夭，而是在大禹的领导下，将各部族的力量联合起来，与超级大洪水进行了艰苦卓绝的斗争，最终平定了经年不息的水患。大禹治水成功后，不但"中国可得而食也"，而且催生了历史上第一个王朝国家（夏朝），开创了历史的新纪元。

大禹之后，"善治国者必重治水"，除水害、兴水利，成为历代王朝治国安邦的大事。一部中华史，从某种意义而言就是一部中华民族与水旱灾害斗争不断成长进步的文明史。这部历史写满了悲壮牺牲、科学创造、艰苦奋斗、成功辉煌等字样，堪称一部气势恢弘又意味深长的史诗。

当下，人们经常提及的一个热词就是"人与自然和谐共生"。意思是说，要牢固树立尊重自然、顺应自然、保护自然的理念，建设人与自然和谐共生的美丽家园。这说明当下人们对人与自然关系的认知达到了新高度、新境界。需要强调的是，我们主张人与自然和谐共生，绝不等于人类必须匍匐在大自然的脚下，逆来顺受，无所作为，像动物那样活着。要知道，自从人猿相揖别，人类作为万物的灵长、地球的骄子，在依赖大自然各种恩赐的基础上，逐渐发明了木、石之类的工具，使渔猎能力大大增强；进入新石器时代，又发展了农业、畜牧业、制陶业等，人类的生存状态得到了极大的改善。迈入文明社会的门槛后，人类改造自然的能力空前提高，原本洪荒的地球被打上了愈加浓重的人文烙印。与之相伴随，人类的生存环境和生活质量有了质的飞跃。当然，文明也是双刃剑，随着科技的进步，人类征服、占有的欲望日益膨胀，俨然成了大自然的主宰，一度贪婪地、无节制地开发掠夺，如乱砍滥伐、肆意排放污染物、任意捕杀动物，给自然界造成了巨大的损害。大自然当然不是任人宰割的羔羊，如果你一而再、再而三地侵犯它、伤害它，它就会发威反噬、加倍报复，用极端天气、瘟疫流行、山崩地裂，用滚滚洪水、赤地千里、水土流失等，让人类吃尽苦果。

于是便有极端的声音传来：既然要"人与自然和谐共生"，人类就要停止一切扰动自然的行为，比如不能开荒种地，不能修筑水坝堤防，不能远距离调水，等等。其实，这种对"人与自然和谐共处"的理解是极其片面的。试想，如果人类面对大自然的种种挑战退避三舍，听天由命，那我们只能回到穴居野处的原始时代，过着采集渔猎、茹毛饮血的日子。试想，如果我们不在江河上修大坝、筑堤防，任由洪水泛滥，那人类创造的田园财产毁于一旦不说，生命也将付诸东流，人不存焉，还遑言什么人与自然和谐共生?！对于那些绝对生态主义者，我是十分不以为然的。因为他们一方面享受着现代文明带来的种种恩惠和福利，比如洋房、汽车、电器、自来水、暖气、牛排等，一方面却站在所谓道德的制高点上，对人类建造的高楼大厦、水坝堤防等文明成果指手画脚、说三道四，欲除之而后快。这难道不是伪君子吗？我们的观点是：人类无节制地对大自然进行索取和掠夺固然非常不应该，但因噎废食也大可不必。换而言之，人类活动必须兼顾自身生存和自然界生存，实现两者之间的统一，才能与自然和谐共存在这个地球上。

有感于此，我给人水关系的文化——水文化（广义）下了这样的定义："人类在与水相依、相和、相争过程中，创造的物质财富和精神财富的总和。"只不过这种"争"，绝不是"人定胜天"的争，而是心存敬畏、遵循自然规律、有节有度地"争"，进而达到一种理性的、人天共济的平衡与和谐。

翻开浙江各地的史志，在那些发黄的书页里，同样可以看到，繁衍生息在吴越大地上的先民，为了生存与发展，斗洪水、战海潮、驱旱渴、开运道，苦干、硬干加巧干，修建了大量的水利工程。这些水利工程不仅为一方经济社会发展提供了防洪、灌溉、航运、捍潮等方面的坚强保障，还以独特的方式承载着厚重的历史记忆，演绎着除害兴利的动人故事。

作为水文化发达、水利遗产众多的浙江，是我学习考察经常驻足的地方，尤其是对那些浸透着先民智慧和创造力、独具地域特色的古水利工程，更是膜拜不已。我曾泛舟于自然与人工联袂打造的西子湖，徜徉于白堤、苏堤之上，陶醉于如诗如画的风景中，又不禁油然升起对浚治西湖有功的李泌、白居易、苏轼等杭州"老市长"的追缅之情。我曾伫立于巍峨的西险大塘上，极目东眺，远处有田畴、村落、城镇若隐若现，一派祥和景象。友人告诉我，没有这座挺身挡住苕溪洪水泛滥的巍峨大堤，一旦苕溪洪水暴发，杭嘉湖平原将遭灭顶之灾。我曾追寻鉴湖、三江闸的遗迹，深深地为马臻、汤绍恩两位"太守"兴修水利、造福一方的情怀、胆识和功德钦敬有加。当听说马臻因创鉴湖为豪强所诬、蒙冤被杀的悲惨境遇后，不由得悲从中来，感叹唏嘘。我曾啧啧称奇于通济堰、它山堰、姜席堰等古代灌溉供水工程的匠心独运和可持续濡养。最让我难忘的是丽水境内的通济堰，这座始建于南朝萧梁天监年间，由拱形大坝、引水闸、石函、叶穴、渠道、概闸和湖塘组成的古老灌溉体系，处处巧妙绝伦。我曾多次造访上塘河、浙东运河、頔塘等水上大动脉，遥想当年舳舻蔽水航运忙的景象，禁不住思绪飞扬，心驰神往……

当然，最让我震撼的是钱塘江海塘。这种震撼，首先来自观潮。有道是"八月十八潮，壮观天下无"。钱塘江作为国际地理学界公认的"世界三大强潮河流"，其潮涌排山倒海、雷霆万钧的力量，令人荡魂摄魄。但在往昔，居于钱塘江口一带的百姓却不会流连于观潮赏景之事，因为每逢潮神施暴，不但会漂没田园财产，而且会溺人性命，给人们带来深重的灾难。为了抵御强潮侵袭，千百年来，这里的人民大修海塘，虽屡建屡毁，却不屈不挠、前赴后继，从土塘到柴塘，从竹笼石塘到立墙式叠石塘，再到鱼鳞大石塘横空出世，终于在杭州湾筑起了一道身坚根固、足抵万钧狂潮的"海上长城"。那天，我在海宁盐官一带，凝视着坚固的鱼鳞大石塘抵挡着强潮一轮又一轮进攻，"我自岿然不动"，不禁肃然起敬：伟岸雄健的捍海石塘，展现出的既是一部形象生动的海塘工程技术史，也是一部敢于与海争地、与潮争胜的"弄潮儿"精神史。

如果说上述水利工程遗产大多属于"高大壮"的话，那么，溇港圩田和桑基鱼塘，则属于"小巧精"了，它们折射出太湖流域劳动人民玲珑的智慧、灵动的精明和极致的精细。如果你置身其间，一定会发出这样的感喟：人类与水的漫长博弈，竟给太湖之滨带来了如此奇妙的水乡韵味和水利之美，真乃绝品！

或许是它们养在深闺人未识，或许是我孤陋寡闻，直到2021年5月，我到湖州参加"潘季驯治水成就与新时代水文化高层论坛"，才有幸一睹太湖溇港圩田和桑基鱼塘的真容。溇港主要分布于太湖东缘、南缘和西缘。太湖每年都会有汛期、旱季轮番上演，生活在太湖之畔的人们根据太湖的涨落规律，顺其水势而为之，对岸畔沮洳之地加以整治，形成涝能排、旱能引的溇港系统。"一里一纵溇，二里一横塘"，其属性都是水利排灌工程。这一独特的创造，不但为农业生产提供了坚强的水利支撑，同时也推动了航运和商贸的发展。

我初识义皋溇港时，一下就被吸引住了。它坐落于湖州市吴兴区织里镇义皋村，是为数不多保存相对完整的古溇港之一。战国以前，太湖尚未筑堤，湖区南部是滩涂之区，先民们采用竹木围篱的技术，让水土分离，并挖沟排水，变涂泥为沃土。后来太湖大堤修筑，先民们又通过开渠设闸等方式，打造出更加排引有序、旱涝保收的溇港圩田体系。一条条溇港像是从太湖延伸至岸边的经络，每个连接处还建有小型水闸来调节太湖与溇港的水位。依溇港而建的村庄，夹河而市、沿河聚镇，形成别具一格的水乡风貌。在溇港水网的基础上，又衍生出了桑基鱼塘系统。说具体一点，就是将水网连接处的洼地挖深成池塘，挖出的塘泥在水塘的四周堆成高基，进而演变为"塘中养鱼、塘基种桑、桑叶喂蚕、蚕沙（蚕粪）养鱼、鱼粪肥塘、塘泥壅桑"的农耕生态循环生态系统，成为太湖水乡人与自然和谐共济的范本。

习近平总书记指出，要"让收藏在博物馆里的文物、陈列在广阔大地的遗产、书写在古籍里的文字都活起来"。为响应这一号召，浙江各地不少水利单位和水利大专院校积极行动起来，大力推进了水文化遗产调研和成果宣传展示工作，成效斐然。

接到浙江水利水电学院水文化研究院常务副院长王伟英老师打来的电话，请我为《浙江水文化丛书》之《流淌的记忆——浙江水利工程遗产集萃》一书作序，并把书稿电子版通过微信发了过来。电话中，王伟英老师告诉我，该书共选取了 26 处浙江省内重要水利工程遗产作为研究和宣传对象，包括已列入名录的世界文化遗产、世界灌溉工程遗产、全球重要农业文化遗产，也包括已列入省级及以上文物保护单位，或者创建百年以上、福泽区域较大，具有代表性和影响力的重要水利工程遗产。至于文稿的作者，既有水利专家，又有教师，还有知名的作家，都是精挑细选的高手。编撰工作启动后，撰稿人员深入浙江治水一线，实地考察调研有关古代水利工程的历史和现状，并对有关文献记载进行了研读。在此基础上，本着兼顾学术性和通俗性、呈现水利性和浙江味、凸显水文化与水精神的原则，既写水利工程的工程概况、建设背景、功能特点等，又写工程背后的人物故事、治水精神、人文风情等。

阅读此书的电子稿，我有眼前一亮之感。因为书中所录文章，所呈现的内容兼具思想性、知识性、可读性，可谓主题鲜明、文情并茂；表现形式则是图文并茂，其中既有工程全貌照片或示意图，又有主体工程结构、配套工程、受益面貌、工程遗迹图，还有工程管理碑刻照片及拓片、治水人物图片、纪念雕像、场所及纪念仪式照片等，可谓丰富多彩、赏心悦目，从而有效弥补了文不尽意的缺憾。

　　这部书稿是众手联袂而成。可喜的是，书稿的各位编撰者没有把笔下的水利工程遗产写成干巴巴的"说明文"，而是用散文的笔法进行解读和阐释，不但较为全面地反映了水利工程建设过程、样貌、效益等基本情况，而且深入挖掘了工程所承载的科学价值、历史价值、文化价值和艺术价值，力求做到从遗产点看历史，从历史品文化，从文化提精神。须知，要想把这类文章写好绝非易事，既得花上在书斋里钩沉历史的工夫，又得到现场进行实地调查走访，还得在语言表达上使出浑身的解数——既要言之有据、言之有物，又要力求通俗易懂、鲜活生动，读之有味、品之有趣。好在本书文章的作者都很给力，他们用生花的妙笔，为我们奉献出一席浙江水利工程遗产的文化盛宴。

靳怀堾

2022 年 4 月

　　（作者系中华水文化专家委员会副主任委员、中国水利文协水文化研究会会长、中国水利作协副主席等。）

前言

  文化是一个国家、一个民族的灵魂，文化自信是一个国家、一个民族发展中最基本、最深沉、最持久的力量。中国特色社会主义文化，源自于中华民族五千多年文明历史所孕育的中华优秀传统文化。水文化是中华优秀传统文化的重要组成部分。一部中华民族文明史，从某种意义上来说，就是一部治水史。自古至今，水利工程建设是治水的主要手段之一。水利工程不仅承担着防洪、灌溉、排涝、航运等具体功能，更承载着历史记忆、思想观念、人文精神、时代价值等文化因子。优秀的水利工程遗产是工程价值与文化价值相得益彰的重要载体，是历史发展和人类文明互促互进的基础支撑，也是文化传承与价值传播互融互通的不竭源泉。

  浙江因水而名、因水而兴、因水而美，拥有众多的水利工程和丰富的水文化遗产。很多水利工程在浙江省历史发展进程中具有重要地位，不仅传承了优秀治水哲学和科学技术，承载了吴越大地的文化记忆，后来还演进为特色鲜明、内涵丰富的人文景观。如贯通南北的"黄金水道"——京杭大运河，既有诸多水利工程设施，发挥着漕运、灌溉、防洪排涝等功能，又有许多风景名胜。如"淡妆浓抹总相宜"的西湖，既是一座自然之湖，也是一座人工之湖，更是一座文化之湖，独特的水文地质、丰富的水利资源和厚重的人文历史，共同塑造了西湖的独特魅力与价值。又如"实证中华5000年文明史的圣地"——良渚古城遗址，虽然对其外围水利系统的产生、界定及功能，学界尚在研究探讨，但该水利系统反映了良渚人领先时代的文明理念和营造技术，成就震惊世界。浙江省还拥有6处世界灌溉工程遗产，这些"活着"的历史文化遗产，大多历经千年，依然"老当益壮"、风姿绰约。

遗憾的是，社会上鲜有系统展示浙江省主要水利工程遗产的书籍。现有的相关书籍，多是水利方面的专业书籍，读者对象受限，鲜见针对大众读者的可读性强的水利工程文化类书籍。

加强水利工程遗产的深入研究和广泛传播，是深入贯彻落实习近平总书记关于治水重要论述精神的实际行动，是贯彻落实水利部有关水文化建设精神的具体举措，更是推进文化强省、树立文化自信的有效抓手，也是让社会公众更好地了解、熟知水利工程、水文化、水文明的具体路径。本书即是在这些背景下应时而生。

"一千个读者就有一千个哈姆雷特"，一百个作者也有一百种关于文化的解读。本书策划团队为让社会公众更好地走进乡土、认识水利，感受水文化、体悟水精神，特邀请数十位文学作家、水利行家、教育工作者，走访全省主要水利工程遗产现场，探访水利工程遗产背后的故事，并以多元开放的视角、通俗易懂的语言，来描述水利工程遗产、讲述人文历史故事、展现奋勇拼搏姿态。本书所写水利工程遗产的择选原则是：一是位于浙江省、已列入世界文化遗产、世界灌溉工程遗产、全球重要农业文化遗产名录的水利工程遗产；二是已列入省级及以上文物保护单位，或者距今100年以前建成的、对跨县（区、市）经济社会发展发挥重要作用，并在全省具有代表性和影响力的重要水利工程遗产。在上述原则指导下，本书编撰团队优中择精选取了26处浙江省内重要水利工程遗产作为撰写对象。

编撰团队对入选的每个水利工程，既反映水利工程本身情况，如工程概况、建设背景、建设过程、功能特点、代表性意义及与区域发展的关系、后期的利用和改建等，又介绍水利工程产生的时代背景、人文环境以及工程背后的人物故事、治水智慧、治水精神，充分展示工程的科学价值、历史价值、文化价值等。

感谢浙江省水利厅、各地水利局、水利工程管理部门为本书编撰提供指导和帮助。

本书编撰团队水平有限，由于专业背景和认识角度不同，对资料的搜集、发掘和研究尚存在不足之处，甚至分析阐述观点可能存在争议，敬请专家和读者不吝赐教。

编者

2022 年 1 月

序

前言

目录

一水连云通南北

——京杭运河浙江段

◎ 李续德

> **题记：** 京杭运河浙江段自江浙交界的嘉兴市秀洲区鸭子坝至杭州三堡船闸，连通钱塘江。从隋大业六年（610年）隋炀帝敕穿江南运河，到元末张士诚开新河，京杭运河浙江段基本成型，历代以来一直发挥着漕运和农田灌溉、防洪排涝功能。以杭州为中心的运河水网，连通了京杭运河、长江、钱塘江、浙东运河、曹娥江、甬江等几大水系。大运河于2014年6月入选世界文化遗产名录。

　　在广袤平坦的杭嘉湖平原，有一条纵贯南北的河道，连接着杭州和嘉兴，一路向北，直通北京，这就是举世闻名的京杭运河。京杭运河从杭州到江苏的镇江，也叫江南河。运河和沿线的河湖港汊相互连接，形成密布的水网。两岸稻花飘香、渔歌唱晚、鸥鹭翱翔，牧童蚕娘穿梭其间，一幅江南水乡至美画卷呈现眼前。

　　遥想当年乾隆南巡，龙舟御舫声势浩大，两岸纤夫奋力，船上桨橹齐动。自通州至杭州，顺运河一路向前。河上碧波荡漾，岸边春风拂柳，端坐船头龙椅，四周美景一览无遗。行走在东方巨人的这条大动脉上，微风拂面，更有踏风破浪、踌躇志满之胜意。

　　京杭运河浙江段，自江浙交界的嘉兴市秀洲区鸭子坝至杭州连通钱塘

　　作者：李续德，男，浙江水利水电学院教师，从事浙江水利志书编撰和水文化研究工作。

京杭运河杭州拱宸桥

江，纵贯杭嘉湖平原，是浙江人民因地制宜，修地利补天时，尊重自然、改造自然的人工产物，造就了人杰地灵的文化环境，开发了富饶丰盛的物产资源，成为整个运河段最富历史文化底蕴的一部分。在悠悠历史长河中，她无数次见证了千古兴亡更替，承载了黎民幸福酸辛。

全长 100.7 公里的京杭运河浙江段沿线，既有诸多水利工程设施，也有许多风景名胜。"舟行碧波上，恍若画中游。"京杭运河浙江段有着道不完的历史、说不尽的故事。

维系"根本"——漕运

明、清两朝，京杭运河作为贯通南北的"黄金水道"，带来的不仅是商贾云集、千艘万舳，更是生机勃勃的人间烟火。明代《万历钱塘县志·纪疆》中记载："杭州襟江带河，北抵燕而南际闽……以故水轮陆产，辐辏而至者，皆以湖墅、江干为市。"

在古代，运河是连接中国地方与中央政府的最重要通道，为维护大一统帝国存在和发展发挥了重要作用。通过运河把在各地征收的粮食运到首都叫

运河图杭州段（选自清雍正《行水金鉴》）

漕运，这是中国运河独有的一项功能。自明代确定并沿用到清末的漕粮正项定额，浙江杭、嘉、湖三府为 63 万石，江苏苏、松、常、镇四府是 160 余万石，占全国定额 400 万石的一半以上。

京杭运河塘栖广济桥

京杭运河湖州双林三桥

为确保持续稳定的漕粮供给，维护国家的正常运转，国家对运河的开发与保护不遗余力，民间水上商贸运输也随运河的开通兴盛起来。各地的不同物资与文化，在南北各地间广泛交流和传播，所以运河又是中华文化交流和传播的纽带。完善的运河水利与航运体系，是浙江物阜民丰、文化繁盛的物质基础。京杭运河浙江段在列入《世界遗产名录》的中国大运河体系中占有重要地位。历经治理和改造，京杭运河目前有多条航线，并且形成了网状格局，在蓄水灌溉、城市供水、防洪排涝、生态环境改善等水利功能与运输方面，仍然发挥着重要作用。

疏通"命脉"——治水

为保证通航与农田灌溉，历代都对运河水源地及河道进行治理。唐代，浙江境内建立了一套完整的运河管理制度，曾在江南设置都水监和营田使，分管河渠修理、灌溉和屯田事宜，以漕运为首要，设盐铁使统一管理。唐代白居易任杭州刺史时浚治西湖、增高堤岸、设立圣塘闸控制西湖入河水量。作《钱塘湖石记》，刻碑立于湖岸，设专人巡检运河堤、笕、函、闸、堰等设施，规定灌溉田地之前先量河水浅深，待溉田完毕，再还原水尺寸，以通舟船，并制定相应的制度，明确职责。五代吴越国将唐代的营田使与都水监合并，设置都水营田使一职，专管水利与屯田。

宋人毕仲询《幕府燕闲录》记有："唐末钱尚父钱镠始兼有吴越，将广牙城以大公府。有术者告曰：'王若改旧为新，有国止及百年。如填西湖以为之，当十倍于此。王其图之。'"钱镠答曰："百姓资湖水以生久矣，无湖是无民也，岂有千年，而天下无真主者乎？"

这段记载说的是曾有术士劝吴越王钱镠填埋西湖广起宫室，钱镠反而浚治西湖并设立撩清军，治湖筑堤、负责运河及沿线湖泊的疏浚故事。在今杭州南星桥、白塔岭一带建浙江、龙山两船闸，视潮水及船舶状况"以时启闭"，并设有专人巡检，实行通航管理。

北宋熙宁四年（1071年）及元祐四年（1089年），苏轼两次任职杭州，组织捍江兵士及诸色厢军开浚茅山、盐桥二河，整修龙山、浙江二闸，新设复闸于茅山、盐桥二河交汇处钤辖司前，以减轻河道泥沙淤积。上疏恳请再次浚治西湖，将湖中掘出的淤泥在湖上筑成纵贯南北的长堤，堤上造亭桥，植芙蓉杨柳，形成名传千古的苏堤。制定运河管理规章，并刻石置于知州及钱塘县衙门厅上，经常按规章检查，违背的加以责罚。对杭州船闸的启闭管理和收取侵占河道的赁钱责成通判厅收管，专用于修补河岸，其他事务不得支用。苏轼将运河、西湖作为一个整体的水利系统来规划设计，对城市与运河的发展都有巨大贡献，功在当时，利在千秋。

南宋绍兴八年（1138年）定都临安（今杭州），运河是连接都城临安与长江、淮河流域以至抗金前线的重要运道。朝廷重视都城内外河道整治，配置厢军加强管理，设立捍江、修江、清湖闸、北城堰、长安堰闸、横江水军和船务等指挥，各有额定20～400名兵员，以巡检水道治安，修筑堤岸、修造船舶和堰闸及清理河道等，并以法律条令保护临安城内运河不受污染。如在下塘河就曾置巡河铺屋30所，撩河船30艘，日役军兵60人，疏通淤塞。还颁布禁条，严申居民污物倾倒填河之禁。

元末，张士诚"军船往来苏、杭，以旧河为狭，复自五林港口开浚至北新桥，又直至江涨桥，广二十余丈，遂成大河，因名新开运河"。新开运河从塘栖至江涨桥。新开河开通后，运河主航道由上塘河改经此道，并成为京杭运河之南段，但上塘河仍是区域性的重要水上运道和灌溉河道。南来北往的船只舍临平而过塘栖，距杭州一日船程的塘栖一跃而为江南运河经停之重

京杭运河湖州鸭子坝航段

要港埠，市镇随之兴旺繁盛。杭州武林门外湖墅一带成为杭城内外河主要港埠，运河航船或客货须在德胜坝等处翻坝入上塘河，穿越城区河道方可抵达钱塘江畔，进而交通浙东运河并上溯钱塘江流域。

明代初，新开运河没有塘岸，明正统七年（1442 年），工部右侍郎、江南巡抚周忱从北新桥以北至石门，修筑堤岸和桥梁，水陆交通便利。沿线又有三里洋、十二里洋之险，水波宏阔丛芦大苇，易为盗匪藏身之地。嘉靖年间（1522—1566 年）在塘栖设水利通判厅主捕盗，后又缉私盐，维护交通及地方安全，漕饷、民船通行没有了偷盗之忧。从明代到民国时期，由于京杭运河主航道一直是从杭州卖鱼桥经崇福、石门到嘉兴，过王江泾进入江苏境内，地处太湖平原远离上塘河高地，主要由地方官组织对淤塞河段进行疏浚，没有进行过大规模治理。

1968 年开始实施运河向杭州市区延伸工程，按五级航道标准拓浚河道 4.2 公里，新建武林门客运码头和艮山港货运码头，使京杭运河延伸至杭州市中心地带艮山门。1977 年，浙江省交通局选定自卖鱼桥经艮山港至三堡与钱塘江沟通的航线，全长 11 公里。1978 年工程开工兴建。沟通工程包括船闸、航道、桥梁、农田水利设施及拆迁房屋等 20 个单项工程。20 世纪 80 年代初改造京杭运河时，由于经江苏平望、嘉兴桐乡乌镇、湖州练市、德清新

京杭运河杭州段

市、余杭塘栖至杭州这一航道，自然条件比经嘉兴城区的京杭古运河条件要好，从江苏至杭州距离最近，于是将此航道作为京杭运河浙江段主航道改造。

京杭运河杭州御码头

京杭运河与钱塘江沟通工程于 1983 年 11 月 12 日正式开工，至 1988 年 12 月 31 日竣工，1989 年 1 月 30 日首次试航成功。实现了京杭运河和钱塘江两大水系直接通航，使京杭运河全长增为 1801 公里。扩展水运直达距离 400 公里，形成以杭州为中心的水运网，京杭运河、长江、钱塘江、浙东运河、曹娥江、甬江等几大水系得以连通。

成就"富庶"——用水

唐代开始在太湖平原大范围推广塘浦圩田，在此基础上桑基鱼塘技术得到了普及，自唐代开始，运河沿线就是中国的文化之乡、鱼米之乡。运河一直发挥着重要的农田灌溉、防洪排涝和运输功能。良田、桑园、鱼塘坐落于运河水网，大小市镇因运河而兴盛。

运河水域鱼类资源丰富，淡水养殖是运河产业中历史悠久的经济支柱，也是浙江人优质蛋白质摄取的重要来源。淡水养殖的类型分为池塘养殖与外荡养殖两类，池塘养殖是依靠运河提供水源、人工修建的养殖点，外荡养殖指在湖泊和串连湖泊的河道间养鱼。京杭运河沿线也是世界丝织业的起源地，湖州钱山漾遗址留存的丝织物表明，距今 4000 多年前浙江人已经掌握了栽桑、养蚕、缫丝、织绸等完整的生产环节，出现了真正的丝绸业。春秋时期丝织名产已有纱、罗等多种。隋代大运河开通，浙江蚕桑丝织业快速发展，至唐宋以后，杭嘉湖一带成为全国蚕丝重点产区。大量丝绸通过运河运往北方，有的则经由丝绸之路输送到世界各地。

旅游业是新兴的运河经济产业，该产业注重运河的景观欣赏和沿河市镇的人文及历史文化内涵。更值得一提的是，运河文化长廊的保护和建设，突出了运河沿岸文化意义的发掘，带动了运河沿线经济发展，提升了运河周边的文化环境，进而推动了运河沿线生态修复、文化遗产保护和传统文化的复兴。

绿杨分影入长堤

——上塘河

◎ 李续德

题记： 上塘河是运河水网的一部分，地处钱塘江北岸泥沙堆积而成的高地。上塘河沿岸古时更适宜人类生产与生活，因而其开发要早于北部下河区。从唐代、宋代直至近代，上塘河通过修建堤塘、堰坝等系列水利设施浇灌沿岸田园。明代以前上塘河也是大运河最重要的航段，对浙江，特别是杭州的经济文化发展发挥过极其重要的作用。

它叫秦河，是史书记载的杭州第一条人工疏通的河道，曾被称为"江南运河"。当年，意大利著名旅行家马可·波罗正是经由它到达杭州。它就是人们熟知的上塘河。

公元前 210 年左右，秦始皇下令发囚徒十万，在今嘉兴和杭州之间修筑陵水道（今上塘河），通浙江。自南宋以来，上塘河日渐成为交通运输要道，是盐官（海宁）县通往临安的黄金水道，它见证了我国 2200 多年的沧桑巨变，更流淌着烟火岁月的过往今来。

如今，上塘河"烟雨桃花夹岸栽，低低浑欲傍船来"（宋范成大《临平道中》），"记取五更霜显白，桂芳桥买小鱼鲜"（元方回《过临平》），"三月临平山下宿，沙棠一舟帆数幅"（明释戒襄《长安坝上河道中》）的景观早已消逝，但这里的点点滴滴无不向人诉说着曾经的似锦繁花。

作者：李续德，男，浙江水利水电学院教师，从事浙江水利志书编撰和水文化研究工作。

上塘河

上塘河赤岸古埠

前 世 今 生

杭州东河水在建国路西侧坝子桥处轰然跌入运河，运河对岸有拱桥东西向跨越一条河道，波平如镜，桥面和倒影合璧犹如满月，所以桥名映月。在绿树荫蔽下，沿河从映月桥北行约 300 米来到文晖路，有施家桥，桥下有闸门隔断河道。对比观察，闸门上下有约 1.5 米的水位差，闸上的河道、地势较高，这便是在杭州历史上起过非常重要作用的上塘河了。

上塘河水系是运河水网的一部分，地处杭州湾北岸，位于海潮上涌以及钱塘江下泄所携泥沙堆积而成的海岸带上，范围为上塘河沿岸以南、钱塘江海塘以北地区。由于地势较高而致其水位高于北部的运河水位，形成运河水网中的高水上河区，习称为上塘河。上塘河沿岸高地古时相较于北部低地更适宜人类生产与生活，因而其开发要早于北部下河区。从唐代开始，通过修建堤塘、堰坝等设施节制水位形成高水区，为上塘河的主体。后又经历代建设，上塘河河系发生了系列演变，流域面积也有变化。上塘河的历史可追溯到秦代的陵水道，隋炀帝拓浚江南运河时又加以拓宽和疏浚。上塘河是上塘河水系的骨干河道，起自钱塘江畔龙山闸，水源主要来自西湖，历史上曾经短时期内通过龙山闸、浙江闸，由钱塘江补充水源，主流由杭州艮山门至海宁长安，经二十五里塘至海宁盐官，再东延至海宁袁花、黄湾。20 世纪 60 年代末运河南延至艮山港，原属上塘河的西湖河系进入下河。杭嘉湖南排枢纽工程海宁盐官下河开通后，河东（东新塘河区）又与上塘河隔离，古上塘河被截为三段。目前上塘河起自杭州施家桥，至海宁盐官镇盐官上河闸入钱塘江，全长 50 公里。盐官古镇以东至黄湾闸口现称新塘河，再北折至袁花镇称黄山港。

在元末新开河开通以前，上塘河一直是江南运河南段主航道。南宋时，上塘河是连接都城与长江、淮河流域以致抗金前线的重要运道。元末张士诚开新河，运河主线改变，但仁和、海宁两县田土水利仍有赖于上塘河，上塘河仍是区域内重要的水上运道。

上塘河水源主要来自西湖和地表径流，为保证通航与农田灌溉，历代都对上塘河水源地及河道进行治理。唐代就在浙江境内建立了一套完整的河道管理制度，曾在江南设置都水监和营田使，分管河渠修理、灌溉和屯田事宜，又以漕运为首要，设盐铁使统一管理。唐代白居易任杭州刺史时浚治西湖、增高堤岸、设立闸座控制西湖入河水量，作《钱塘湖石记》，并刻碑立于湖岸，完善运河堤、笕、函、闸、堰等设施，设专人巡检，灌溉田地之前先量河水浅深，待溉田完毕，再还原水尺寸，以通舟船，并制定相应的职责。五代吴越国将唐代的营田使与都水监合并，设置都水营田使一职，专管水利与屯田。曾有术士劝吴越王钱镠填埋西湖广起宫室以图霸业，钱镠置之不理，反而浚治西湖并设立撩清军，治湖筑堤、负责运河及沿线湖泊的疏浚。在今杭州南星桥、白塔岭一带建浙江、龙山两船闸，视潮水及船舶状况"以时启闭"，并设有专人巡检，实行通航管理。

《嘉靖仁和县志》卷六《水利·城外水利》："上塘河旧名运河，一名夹官河，西自德胜桥，抵长安坝，南通外沙河、前沙河、后沙河与蔡官人塘河，东达赤岸河、施何村河、方兴河，两岸田土，何止千顷。"池田静夫说："这里虽然说的是明代的上塘河，但也符合宋时的情况，因此这段文字基本上以上塘河为运河的本道，将诸河之情况大致整理清楚了。"

宋代上塘河的主要支流有两条：一是蔡官人塘河，又叫蔡塘河；二是赤岸河。关于蔡官人塘河，据《淳祐临安志》记载："蔡官人塘河，在艮山门外九里松塘、姚斗门，通何卫店、汤镇、赭山。"宋代"姚斗门"在明代地方志中被改称为"姚陡门"，即今笕桥镇枸橘弄东；而宋志中的"何卫店"在明志中称为"何衢店"，"汤镇"即今乔司，"赭山"今萧山赭山。宋代上塘河的第二条主要支流赤岸河，据南宋《淳祐临安志》记载："赤岸河在赤岸南，自运河入，通高塘、横塘诸河。"赤岸河自上塘河向南流向高塘、横塘诸河，必须经过皋亭山麓的丁桥古镇。

南宋定都杭州后，江南运河的地位更是上升到国脉所系。南宋江南运河进入杭州的主航道仍然是由崇德县（今桐乡市）石门镇折向长安镇（今属海宁市）入上塘河，取道临平、丁桥皋亭山麓进入杭州。

北宋时期，以杭州、明州（今宁波）等地为起点的海外贸易开始显示出勃勃生机。杭州与占城（越南）、麻逸（菲律宾）、高丽（朝鲜）、日本以及阿拉伯国家均有贸易往来，主要商品有宝石、瓷器、茶叶等。当时杭州湾上"道通四方，海外诸国，物货丛居"，海路交通日益成为杭州对外交往的主要途径。北宋端拱二年（989 年）杭州设置市舶司。元初，来杭贸易的海舶大多通过杭州的外港澉浦作为中转站，进入钱塘江边的港口，至元二十年（1283 年）杭州设立市舶都转运司，管理杭州活跃的海外贸易。至元三十年（1293 年），杭州市舶司并入杭州税课提举司。此后，杭州税务司基本取代了杭州市舶司的职能。随着蒙元帝国的开疆拓土和海外贸易的兴盛，西域各国的商人、传教士、使臣、旅行家纷纷东来，不绝于途，元代杭州的中西经济文化交流水平达到了空前的高度。

据日本学者木宫泰彦《日中文化交流史》统计，两宋来华日僧有名可考者共计 132 人。而据中国学者考证，合计 181 人，其中北宋时期约有 32 人，南宋时期约有 149 人，另有无名者不计其数。

"抢 水" 盛 况

南宋开始由于人口增加和经济发展，临平湖被逐渐围垦，上塘河水源短缺，水流停滞。大旱时节，农户为灌溉自家田地往往要"抢水"，并逐渐成为一种风俗。"抢水"前三天由各村镇的长者牵头，通知各家做好"抢水"准备。"抢水"的主要工具是水车，各家在水车基上点香烛祭拜车神。凌晨，各家在水车基上燃起火把，年轻人当场架设水车，主人挑来点心茶水到现场招呼用餐。领头者敲起大锣，"抢水"开始。各家丁壮纷纷跃上水车，河岸边排开几十部水车一起飞转。人们唱起俗称"哈头"的车水号子，用以计算车水的工数。轮换犹如接力赛跑，一人刚下水车，另一人便从后面迅速跳上，水车始终保持飞转。河水车干之后，人们跳入淤泥之中争抢河里的野鱼，一阵大锣响起，抢鱼的人蜂拥而下，河中之鱼谁抢到就归谁。直到水干鱼尽，这场"抢水"大战才告结束。为应对水源缺乏，海宁老盐仓一带的船民还发明了一种称为牛拖船的船型，用牛拖着船只在仅剩淤泥的河道里行走。

历代在上塘河流域进行的水利建设如整治河系、筑堰设闸等措施，主要目的是为固护水位不使轻易走泄，以保障农业灌溉及航运，在保障区域经济发展等方面，起到重要作用。明天顺元年（1457 年），杭州知府胡浚会同仁和县知县周博，以民田多少派工开浚，将笕加高，倒坍者重修，治理河道自德胜桥至海宁城百余里。崇祯十四年（1641 年）大旱，将笕闸底石拆开放水至下河，救田数十顷。崇祯十七年（1644 年），采用苏轼浚西湖之法疏浚临平湖，取土筑堤。清雍正五年（1727 年），浙江巡抚李卫委杭防同知马日炳，开浚自艮山门外施家桥至临平施家堰河道，并在盐官买民田出租，以租金作为治理上塘河的经费。同治六年（1867 年），浙江巡抚马新贻令浚临平湖，及自临平赤岸至海宁长安河道。民国 23 年（1934 年）大旱，浙江省水利局在杭州闸口大通桥建临时汲水站，提钱塘江水入上塘河。民国 37 年（1948 年）9 月，上塘河流域农田旱情严重，浙江省建设厅会同有关部门组成救旱联合办事处，开西湖涌金闸放 2 立方米/秒流量水入上塘河，同时由国民政府行政院善后救济总署浙江分署借拨抽水机在海宁县长安镇设临时汲水站，吸取运河水注入上塘河，以缓解旱情。

上塘河

中华人民共和国成立后，大力疏浚河道和整修排涝闸堰，重点发展机电提水等水源补给工程，目前有德胜坝、横山、长安、许村、花山汇、盐官等多座提水泵站。20世纪90年代以来，根据综合治理要求，建设防洪排涝骨干工程，提高抗御水旱灾害的能力，上塘河流域形成了较为完整的水利工程体系，保障了上塘河流域的水利灌溉、防洪排涝等功能的实现。随着城市化进程的加快和产业结构的调整，特别是杭州三堡船闸通航，上塘河的航运功能弱化。目前上塘河除排涝外，主要是一条生态河道。

皋 亭 盛 景

由于优越的地理条件和便捷的交通，隋代杭州已是"珍异所聚，故商贾并辏"，唐代李华《杭州刺史厅壁记》描写当时杭州"咽喉吴越，势雄江海，骈樯二十里，开肆三万室"。韩愈也曾说："当今赋出于天下，江南居十九。"曾任杭州刺史、着力整治西湖和运河系统的白居易专门撰写了《钱塘湖石记》，阐明建立西湖和上塘河综合调度水资源管理制度的重要性，以保障上塘河兼具航运和灌溉的双重功能。清代仁和县人王同纂《塘栖志》称："盖

船只人力绞盘过坝

南宋以前，南北往来，取道临平。"位于临平湖畔的临平迅速上升为一个扼守南北交通的要津，丁桥皋亭山麓又是江南运河自临平折向杭城的要冲。

上塘河自古就是交通要道，沿岸古埠地位非常特殊，曾经是古运河入城的转运码头，京杭大运河的"杭州站"。半山皋亭古埠可追溯到唐代，南宋《咸淳临安志·浙江图》中，上塘河边已标注有多处船埠。古船埠聚有集市，各地客商云集，贩运居积，商铺店肆兴隆，蚕茧、药材、麻布、山茶、杨梅、茉茹等，都是皋亭山一带出产的岁贡。各色人等熙攘夹杂其间，形成繁华热闹古埠。元明以后，大运河由杭州迳通塘栖。但上塘河仍为由杭州经长安通向下河的重要航道。清《乾隆杭州府志》称上塘河至长安一带为"商贾舟航辐辏，昼夜喧沓，市无所不有"，可见当时上塘河两岸商贸之繁荣。清代海宁陈鳢在《新坂土风》中赞长安："粟转千艘压绿波，万家烟火傍长河。却缘米市人争利，鱼蟹从今不觉多。"正是皋亭当年情景。

上塘河佛教文化的第一个高潮在宋代，这在很大程度上是依托于皋亭山和上塘河的山清水秀和四通八达。位于皋亭山北的佛日净慧寺（简称佛日寺），为后晋天福七年（942年）吴越王创建。宋代"明教大师"契嵩

（1007—1072 年）禅师，晚年回到杭州灵隐寺不久，受宋朝"四大书法家"蔡襄（字君谟）邀请，迎往佛日山净慧禅院当住持，建立云门宗道场，一时海内外佛徒信众争相来此求法，法会极盛。北宋州官、文人也纷纷慕名而来，并有留题。如苏轼《游佛日寺》："佛日知何处？皋亭有路通。钟闻四十里，门对两三峰。"

南宋时皋亭山的佛教寺庙多达 270 余座，佛教文化鼎盛一时。其中最负盛名的寺院当数皋亭山之南的崇先显孝华严教寺。该寺始建于南宋绍兴十九年（1149 年），慈宁皇太后命真歇清了禅师开山，宋高宗下旨将此寺作为显仁皇太后韦氏（宋高宗生母）的功德寺。二十八年（1158 年），正式赐额"崇先显孝禅寺"，赋予该寺皇家寺院的色彩，地位非同寻常。宋宁宗改"禅"为"教"，御书"皋亭山"三字及"崇光显孝华严教寺"八字以赐。

相比宋代的中日关系，宋与高丽（今朝鲜半岛）之间的关系更具官方色彩。宋、丽间长期保持着贡赐形式的官方贸易和文化交流。宋朝输出到高丽的物品，主要有瓷器、腊茶、丝织品、书籍、文具等，以瓷器和茶叶为大宗；从高丽输入的货物则以人参、药材为多。宋丽文化交流，最主要的一项是书籍输出，如宋太祖赐赠高丽使者"开宝藏"。值得一提的是，宋代政府多次赠给高丽的儒家经典和史学名著如《史记》《汉书》《三国志》等，这些书大都是在杭州刻印的。高丽甚至还专门出钱请宋朝商人徐戬在杭州雕印夹注《华严经》。

宋、丽民间交往也很频繁，日僧成寻即在杭州等地亲眼见到高丽商人和高僧的活动。宋、丽文化交流中的一件大事，就是身为高丽国王子的僧人义天来杭州求法。高丽国王子僧统义天远涉重洋来杭州求法，随师傅净源入住慧因寺，并捐经、捐资，使该寺名声大振，被誉为"华严第一道场"，俗称高丽寺。义天回国时，还带回他到处搜集的佛典章疏 1000 余卷，后来以此为基础编成《新编诸宗教藏总录》。义天由此成为朝鲜天台宗开山祖师。在中外佛教交流史上，高丽僧人义天是一位重要人物。

风 韵 古 桥

古老的上塘河虽历经沧桑，却并不寂寞。50 公里长的河道上，有不少著名的古桥与河道挽手走过千年岁月。古通济桥、衣锦桥、桂芳桥等至今风韵犹存。小桥、流水、人家，赋予了上塘河两岸特有的江南水乡风情。

古通济桥，位于石桥镇东北，跨上塘河，长 13.1 米，宽 2.3 米，高 3.7 米，始建于明嘉靖二十三年（1544 年），因该桥基为半山山脚岩石，直接以石砌筑，故称石桥。桥碑铭诗叙景，诗曰："一箭春水开明镜，两岸桃花夹彩虹。通畎浍以滋我稼，济往来而达行踪。"现为杭州市文物保护单位。

衣锦桥，亦横跨上塘河，始建于唐贞观年间，长 34.8 米，宽 6.6 米，高 7.6 米。因该桥北依半山，故名半山桥。传说，衣锦桥为古时上半山娘娘庙的必经之路。据传，南宋建炎年间，倪姓娘娘宁死守节，忠魂勇救康王（即后来的宋高宗赵构），一身忠贞，被广为传颂。南宋绍兴年间，高宗即位，首崇祀典，敕封"撒沙护国显应半山娘娘"，立庙塑像。

桂芳桥

桂芳桥，始建无考，俗称东茆桥，也叫东茅桥，拱券内有元、明、清修葺纪年石刻三条。明末清初潘夏珠五言诗《桂芳桥》曰："彩虹饮南川，沙雨赤栏外。桂枝今若何，市烟漫古霭。"诗中描绘当年这里"桥似虹，河似画"，江南水乡韵味独绝。如今，上塘河全面整治、新貌初露，当年美景复现。

上塘河上还有一处有趣的古迹，叫河底通河，俗称河里河。原西茆桥南北堍，上塘河之底有一石笕，南接曹家渠，北达龙王塘，使曹家渠水可泻于下河，而不与上塘河纠缠。传说是当年河北华严寺的和尚，不许河南明因寺尼姑的污水排在上塘河，而促使女人们想出的好办法，这当然是一则饭后茶余的笑谈。石笕其实是古代一项有价值的水利工程。

《乾隆杭州府志》载："渠在临平镇西南，甃石为笕于运河之下，泄渠水暗注下河，俗呼河底河，灌田计三千七百亩。"且笕之南际建有石闸，视水满浅以为启闭。临平石笕最早见于文字者为"宋宁宗庆元元年冬十一月重修临平石笕"（沈谦《临平记》卷之一）。800多年来，历代都对该设施进行整修，至今仍有遗迹。临平石笕和桂芳桥、龙兴桥一起，承载了真实的历史，也保障了生活的延续。

沧海桑田话古渡

——浙江闸、龙山闸

◎ 李续德

> **题记：**晋时西兴运河开通，钱塘江南岸宁绍平原与北岸杭嘉湖平原，通过西陵埭及今六和塔以东的柳浦及闸口一带的埭坝连接两岸。唐末吴越时期杭州的运河体系基本完善，兴建龙山、浙江两座复式船闸以利钱塘江两岸船只直接通行，同时可以补充城内河网水量，涝时又可作为排水闸使用。北岸渡口位置基本处于今杭州闸口白塔及南星桥一带。

　　古塔巍峨屹立，山石花木相间；极目远眺钱潮，鸥鹭身姿翩翩。漫步杭州城南钱塘江畔的白塔公园，仿佛瞬间置身于千年之外。遥想两晋时期，北方人民衣冠南渡，同时带来先进的耕作工具及技术，使得钱塘一带经济、文化得到快速发展。勾践口中"水行而山处"，太史公笔下"饭稻羹鱼"的钱塘江两岸，一跃而为经济发达、物产丰饶、文化繁盛的地区，唐韩愈在《送陆歙州序》中即有"当今赋出于天下，江南居十九"之言。这当中江南水网航运之方便快捷，对人口的流转及随人口的迁移而形成的文化传播，至关重要。

　　晋时会稽内史贺循依鉴湖开凿西兴运河，即已开通南岸的西陵埭，其后西陵埭虽形制与名称几经变迁，但宁绍平原与杭嘉湖平原的交通一直通过此

　　作者：李续德，男，浙江水利水电学院教师，从事浙江水利志书编撰和水文化研究工作。

白塔公园

地且延续了一千余年。北岸则为现六和塔以东江干一带的柳浦埭，以后亦一直以柳浦地方及闸口一带为连接两岸的主要节点。

杭州的"移州"与江南运河

秦汉时期有关钱塘江两岸交通的文字记录非常少见。仅见据考定成书于东汉的《越绝书》，其卷二《越绝外传记吴地传》记载，"百尺渎，奏江，吴以达粮"，有人认为百尺渎是钱塘江北岸渡口的最早记录。《史记》记载秦始皇巡越至钱塘江时"水波恶，乃西上百二十里，从狭中渡"。

六朝时，杭州凤凰山下筑有柳浦埭，运河船只翻坝入钱塘江，通过江南岸的西陵埭（在今滨江区西兴街道）可与浙东运河相连接，是钱塘江第一大渡口。胡三省注《资治通鉴》云："柳浦埭则今杭州江干浙江亭北跨浦桥埭是也。"当为今杭州南星桥三廊庙一带。参照《南齐书》卷四六《顾宪之传》记载，齐武帝永明六年（488 年）西陵戍主杜元懿之言"西陵牛埭税，官格日三千五百"，及顾祖禹《读史方舆纪要·浙江二·钱塘县》："柳浦，六朝时谓之柳浦埭。刘宋泰始二年遣吴喜击孔觊等于会稽，喜自柳浦渡，取西陵，击斩庾业。"可知当时柳浦于两岸经济、军事、政治及航运之地位。

"夜半樟亭驿，愁人起望乡。月明何所见？潮水白茫茫。""往恨今愁应不殊，题诗梁下又踟蹰。羡君独梦见兄弟，我到天明睡亦无。"唐白居易夜宿钱塘江畔，作《宿樟亭驿》，写《樟亭驿见杨旧》。不难看出，当年的樟亭驿，既是交通要道，也是赏景怀旧之地。

而樟亭驿所在之处，乃后来京杭运河的起始点——柳浦渡，即京杭运河连接钱塘江水系与萧甬运河的枢纽之地。

隋文帝开皇九年（589年）灭陈，废陈之钱唐郡，在今余杭镇设杭州。《太平寰宇记》卷九三《江南东道五》言："隋平陈，废郡，改为钱唐县……合四县置杭州，在余杭县，盖因其县以立名。十年，移州居钱唐县。十一年，复设州于柳浦西，依山筑城，即今郡是也。"杭州移州钱唐以至移州柳浦，具体原因已不可考，但柳浦的地理位置必然是不可忽视的重要因素。

隋时江干已经成陆，柳浦濒江，西靠凤凰山，西南有六和塔所在的龙山等山根捍御江流，江洪、海潮的影响相对较轻。对江通过西陵可交通浙东运河，西溯钱塘、富春、新安江及兰江，可将浙江东西两路连成一片，其地理位置的重要自不待言。由柳浦扩展而来的杭州已成为江南最重要的城市之一，作为州治的地位自此稳定。其后地方行政制度虽有变迁，但一直保持两浙地区中心地位，甚至两度短暂作为一国之都，盖因其形势之便。

隋大业六年（610年），隋炀帝"敕穿江南河"，内河航运于维护大一统帝国在政治、经济方面所起的作用愈发关键。后世利用他所开发的运河系统转漕粮米布帛，于维持国家的统一与领土的完整，起到重大作用。全汉昇在《唐宋帝国与运河》记叙："斯坦因发掘新疆吐鲁番哈刺和卓附近阿斯塔纳的坟墓所得的出土物品中，有两端浙江婺州的税布，其年代略较开元为早。"要将处于浙江内陆的财赋运输至遥远的西北并规避海上风波之险，通过柳浦、杭州的运河航道再转运北上，当为必然选择。

曾经往来络绎不绝的柳浦渡，如今已成了钱塘江畔的安家塘区块。当你再次踏上柳浦所在的这片土地，那里背靠玉皇，南临钱江，民居群落，环境优雅。只要你置身其中，细抚西斜落日、倾听潮水拍岸，依然可以邂逅历史的气息。

浙江闸、龙山闸的兴废

至唐代，江南已成为国家政权赖以生存的经济中心之一，杭州作为江南运河与浙东运河、钱塘江上游各县及闽、皖等地甚至交通海外的重要枢纽，其地位自然非同一般。经过李泌、白居易等先贤的几番经营，杭州迅速崛起成为国内最重要的城市之一，城内运河体系也逐渐发展完善。

五代十国战火不断，东南的吴越国以处于地理及交通中心的杭州为首府，境内以运河体系为基础的水利建设得到了极大的发展，杭州城内的运河系统也进一步完善，其时杭州最重要的水利工程当属捍海塘的兴筑、西湖的疏浚以及龙山、浙江二闸的兴建。

苏轼《请开河状》言："钱氏有国时，郡城之东有小堰门。既云小堰，则容有大者。昔人以大、小二堰隔截江水，不放入城，则城中诸河专用西湖水，水既清澈，无忧淤塞。"杨孟瑛《开湖议》又说："五代以前，江潮直入运河，无复遮捍，钱氏有国，乃置龙山、浙江二闸，启闭以时，故泥水不入。宋初倾废，遂淤塞，频年挑浚。苏轼重修堰闸，阻截江潮，不放入城。"

浙江闸旧址在今杭州市上城区南星桥的萧公桥南，龙山闸位于杭州市上城区闸口白塔岭下龙山河口。浙江、龙山二闸初皆为复式船闸，船只过闸，须待江潮涨平，然后开启浑水闸，先使闸中河舟出闸入江后，再令江船、海舶进闸。两闸的开通，使得从温州、台州、宁波来的海船和从衢州、婺州、严州来的江船，由此进入杭州内河。二闸的修建，一以避船只翻坝之劳，二以遏江潮夹泥沙侵入内河，三以钱塘江水补西湖水源之不足，一举数得。浙江闸在今南星桥三廊庙一带，应为此前柳浦埭改埭为闸或附近位置；龙山闸在今杭州闸口白塔岭下，背靠龙山或曰回龙山，龙山河东行折北，至凤山门以北则为唐时称沙河、宋时称盐桥河的中河（现龙山河北段通称中河）。浙江闸北向河道与龙山河各自独立又互有联通。

凤山水城门

吴越纳土归宋，杭州迅速从一邦之都重回东南一隅，财赋不再专为当地所用，造成了宋初杭州水利的失修。表面上杭州还是一派兴盛的景象，运河交通十分便捷，如日本僧人成寻在《参天台五台山记》中对其于熙宁五年（1072年）从西兴渡钱塘江及随船过闸的经过以及江口的繁盛景象作了详细描述，明确记载浙江闸为复式船闸。但苏轼的《请开河状》则是地方官眼中同一时期的真实情形："轼于熙宁中通判杭州，访问民间疾苦，父老皆云：苦运河淤塞。……若三五年失开，则公私壅滞，以尺寸水行数百斛舟，人牛力尽，跬步千里。虽监司使命，有数日不能出郭者，其余艰阻，固不待言。问其所以频开屡塞之由，皆曰龙山、浙江两闸日纳潮水，沙泥浑浊，一汛一淤，积日稍久便及四五尺，其势当然，不足怪也。"苏轼再次出守杭州已为十余年后的元祐年间，江河形势大为改变。为解决运河浅塞及水源问题，苏轼于元祐四年（1089年）组织捍江兵士及诸色厢军一千余人开浚茅山、盐桥二河，并重修龙山、浙江二闸以恢复通航功能。此时"自温、台、明、越往来者，皆由西兴径渡……自衢、睦、处、婺、宣、歙、饶、信及福建路八州往来者，皆出入龙山"（苏轼《乞相度开石门河状》）。

宋室南渡，于凤凰山麓钱王宫址重起宫阙，龙山河因逼近大内而不再通航，龙山闸也随之弃废，龙山河淤塞至元初。《梦粱录》卷十二记"龙山河南自龙山浑水闸由朱桥至南水门，淤塞年深，不通舟楫"，"盖禁中水从此流注出贴沙河及横河桥……与江相隔耳"（《梦粱录》卷七）。

元延祐三年（1316年）浙江省左丞相康里脱脱"令民浚（龙山）河……立上下两闸，仅四十日而毕工"（《西湖游览志余》卷二一）。卅年后，其子行省平章政事达识贴木儿再次浚治"南起龙山，北至猪圈坝，延袤三十余里"的城内外运河。龙山河的复通，使得杭州城内与钱塘江再次连接，且河道环合舟航甚便。明"洪武五年，行省参政徐本、李质同都指挥使徐司马议开河增闸，河横阔一丈余，闸亦高广于旧，寻又改闸为坝"。"洪武七年，参政徐本、都指挥使徐司马以河道窄隘，军舰高大，难于出江，拓广一十丈，浚深二尺，仍置闸限潮，舟楫出江为始便"（《西湖游览志余》卷二一）。但虽经多次疏浚，终因钱塘江潮含沙量太大，泥沙淤积无法根除，明嘉靖中又改闸为坝，与钱塘江隔绝，过船须翻坝。至嘉靖间"只小船经行，大船均不由矣"。明末以来，运河已不通江，水系中断。"杭城之水有上中下三河，辗转递注，皆受西湖之水。水三道入城……一抵浙江驿之南龙山闸而止，溢则流出于江"（沈守正《运河议略》）。其时江干一苦海潮漫塘、二苦山水下注而成涝。

清雍正二年（1724年）改龙山坝为闸，之后又改为堰坝，其后闸、坝之间又有多次反复，但此时的龙山闸主要是为排泄城内涝水。清道光八年（1828年）九月十三日浙江巡抚刘彬士奏报《东西海塘秋汛安澜暨八月份海塘沙水情形并请增筑江海塘工疏》中又请修龙山闸，详细描述了龙山闸的规制："龙山闸二座，均宽一丈八尺。闸口深三丈，闸墙高九尺，外口左右护闸雁翅各长三丈、宽五尺、高九尺。闸口内外启闸板而槽下砌泄水石板，签钉桩木。雁翅磡外两边石磡二座，左首长十丈八尺，右首长十丈二尺，共凑长二十一丈，宽五尺，俱高七尺。"龙山闸一带后称闸口，为钱塘江上游泛流而下之竹木集散地，明清时在雄镇楼一带设抽分厂征榷，今尚存"抽分厂弄"地名。

钱 江 渡 的 变 迁

江潮为时光打出刚劲的节拍，岁月如磨石刻印着历史的皱纹，在经历了漫长的冲刷洗礼之后，曾经繁华一时、救人无数的钱江渡已经面目模糊。只有念起"天堑茫茫连沃焦，秦皇何事不安桥。钱塘渡口无钱渡，已失西兴两信潮"的传世诗句，才能刷出钱江渡口的存在感。

曾几何时，钱江一日两潮，船过钱江性命堪忧，船翻人死时有发生。苏轼在《乞相度开石门河状》中就记有"二十年间亲见覆溺无数"。北宋临安有位太守汪思温却独有想法："会稽钱江渡，舟人贪利超载而行，半途停桨索取钱物，暴风突然而至，全船溺没，惟操舟者都善于泅水，独能得免。"

为此，汪太守出官银监造大船数十艘，在今南星桥设钱江官渡，并规定根据船体大小不得超载、凡过渡客商均凭号子登指定船只、渡费统一等。这些措施一经实行，见效很快。但遗憾的是，汪太守离任后，官渡渐渐疏于管理而复归原态。

元代在浙江亭之壁间刻《浙江潮候图》，使过江者勿蹈触险躁进之害。清同治三年（1864年）杭州克复，徽商胡雪岩筹设钱江义渡，同治八年通渡。光绪六年（1880年），义渡归省慈善机构同善堂管理，有渡船37艘，牛车8辆，牛16头，过江者不取分文。民国元年（1912年），义渡收归省办专设机构"钱江义渡局"管理并全部实现轮渡。民国18年（1929年），江干

"浙江第一码头"竣工投入使用。同年 5 月，由省政府筹资修筑的混凝土南北码头竣工，北码头直抵三廊庙，南北码头前沿各置铁趸船一只。

杭州运河牛力过坝

1984 年，南星桥码头增建南、北码头各一个，使两岸渡口各有 2 个停靠码头。1998 年 4 月因建设钱塘江防洪堤和滨江路需要，原码头、引桥停用拆除。2000 年 3 月 28 日开始在南星桥客运码头（原浙江第一码头）位置重建客旅码头，次年 1 月建成。客运码头建成后，钱塘江客运萎缩，码头现由杭州港航有限公司所属杭州钱塘江客运旅游有限公司经营管理。2004 年 10 月，钱江轮渡因复兴大桥建成通车而撤渡。

20 世纪 20 年代建造钱塘江大桥时，闸口一带成为工地及料场，之后作为铁路货场为铁路部门圈占，但一直留有排涝闸。民国 36 年（1947 年）修理中河龙山闸并添置闸板，疏浚中河龙山闸东部分河段。

20 世纪 50 年代初期在闸口小桥东侧尚留有土坝，船只、竹、木等通过机械绞盘翻坝入中河运输入城，1958 年废弃。2000 年修建标准海塘时，新建 2 孔龙山闸 1 座，旁建有中河引排和西湖引水泵房。2014 年 10 月 1 日龙山闸所在的白塔公园开园，因其前身是闸口火车站及货场，故公园保留了大量铁路元素，建有"白塔历史文化陈列馆"，但缺有关龙山闸及运河交通的

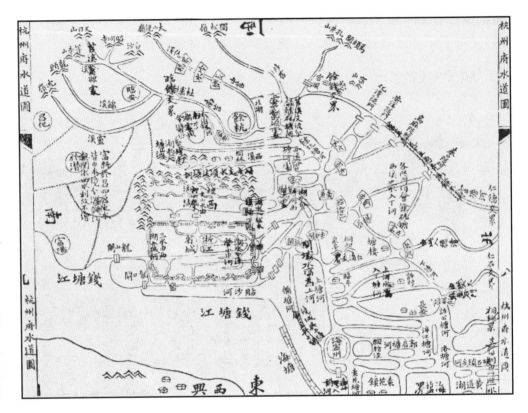

清同治杭州府水道示意图

历史介绍。

目前沟通钱塘江两岸的航道，由 1988 年竣工的三堡船闸出钱塘江入浦阳江，至萧山义桥新坝船闸接杭甬运河。

两岸晓风杨柳绿

——頔塘

◎ 吴永祥

题记：頔塘是"两堤夹一河"的水利工程，是浙江省重要航道长湖申线的组成部分，西起湖州城东二里桥，东至江苏省平望莺脰湖，与京杭运河相连。始于东晋吴兴太守殷康开获塘，主要用于农业灌溉以及抵御太湖倒灌，可溉田千顷。唐代湖州刺史于頔大力修筑，民众为感其德故名其为"頔塘"并沿用至今。随着娄港水利工程体系的完善，頔塘的主要功能便是抵御洪水、圩田排灌和通航。

千年巨作　利运活流

湖州自古以来是著名的江南水乡，北有太湖，境内有东、西苕溪穿境而过，区域内河网密布、荡漾众多。因此，可以说水是湖州的命脉，也是湖州的灵魂。

在众多的湖州河流中，有一条河已静静地流淌了一千多年，她就是頔塘。頔塘既是一条河的称谓，也是一项水利工程的名字。

"当年于頔刺湖州，曾筑长堤捍逆流。两岸晓风杨柳绿，王孙得意骋骅骝。"这是明代诗人俞睦写的一首关于千年水利工程頔塘的诗。但頔塘历史

作者：吴永祥，男，浙江省湖州市吴兴区水利局工作，系浙江省作家协会会员、湖州市历史学会会员、吴兴区作家协会副主席。

悠久，可以上溯到东晋时代的荻塘。据北宋《太平寰宇记》引南朝宋山谦之的《吴兴记》，荻塘之筑，在东晋时，由当时的吴兴太守殷康所开，并又记载该塘"西引雪溪，东达平望官河"。另据清代《南浔镇志》，荻塘也作頔塘，因唐代湖州刺史于頔曾修筑，故又名"頔塘"。

南浔頔塘

如今的頔塘是浙江省重要航道长湖申线的重要组成部分，西起湖州城东之二里桥，东至江苏省平望莺脰湖与京杭运河相连，在浙江省境内约 34 公里，流经湖州境内吴兴区八里店镇、织里镇，南浔区旧馆镇、双林镇、南浔镇。

如果从太湖溇港水利工程体系这个角度看，頔塘则属于溇港水利工程体系中"纵溇横塘"的"横塘"之一，塘与溇水系相通。頔塘是"两堤夹一河"的水利工程，其最早建设时，主要出于农业生产建设的灌溉需要。按史料记载，殷太守开凿荻塘，可"旁溉田千顷"。后随着溇港水利工程体系的完善，頔塘的主要功能便是抵御洪水、圩田排灌和通航了。

对于頔塘的功用，历来文人吟咏之诗词颇多，如唐代诗僧皎然与李令从有荻塘联句，诗云："画舸悠悠荻塘路，真僧与我相随去。寒花似菊不知名，霜叶如枫是何树。倦客经秋夜共归，情多语尽明相顾。遥城候骑来仍少，傍

頔塘垂虹公园夜景

岭哀猿发无数。心闲清净得禅寂，兴逸纵横问章句。虫声切切草间悲，萤影纷纷月前度。撩乱云峰好赋诗，婵娟水月堪为喻。与君出处本不同，从此还依旧山住。""画舸悠悠荻塘路"一句即是对頔塘航运功能的生动描写。进入民国后，頔塘上更是轮船不断，如《重建吴兴城东頔塘记》中即记载道："轮船则经年累月，昼夜不分。"

　　宋人沈与求的《舟过荻塘》则云："野航春入荻芽塘，远意相传接渺茫。落日一篙桃叶浪，薰风十里藕花香。河回遽失青山曲，菱老难容碧草芳。村北村南歌自答，悬知岁事到金穰。"沈诗从芦荻、荻塘、夕阳、碧波、荷香、村歌入手，在描写舟过頔塘看到之景色的同时，寄托了其归隐之意。此诗还用了一个小典故，典故的主人就是曾任吴兴太守的王献之，传说他有爱妾名桃叶。一天，桃叶渡江北去，献之歌以送之。"桃叶复桃叶，渡江不用楫，但渡无所苦，我自迎接汝。"这就是"桃叶浪"一名的由来。沈诗中是借用，以指落日余晖映照下的波浪。又如清代的范锴也有一首诗写荻塘，诗云："暮霞初起日西衔，岘弁遥空涌翠岩。无限离情愁望远，荻塘波景送春帆。"

頔塘水利工程，自创建以来，历代皆有修筑。据《乾隆震泽县志》载，北宋治平三年（1066 年）的吴江知县孙觉曾大修境内的頔塘，并叠石为岸，这恐怕是頔塘最早使用石材来筑堤岸的记录了。中华人民共和国建立前，湖州地区曾有两次修筑頔塘，一次发生在 20 世纪 20 年代，一次发生在 20 世纪 40 年代末。据民国时期的《浙西水利议事会年刊》《重建吴兴城东頔塘记》碑文等资料可知，20 世纪 20 年代的那次修筑，规模大、花费巨。修筑过程中也是不断克服困难，历时近五年而成，计花费银币八十二万三千七百余元。

中华人民共和国建立后，頔塘作为水利和水运航道，又经过多次修建。最近一次修建是 2007 年启动的，頔塘作为长湖申航道（浙江段）的主要组成部分，整体纳入了长湖申航道（浙江段）扩建工程。工程已于 2018 年 1 月完成竣工验收。

聚财汇市　繁荣一方

頔塘因与京杭运河相通，故而其在促进湖州经济社会发展方面贡献巨大。比如，頔塘在粮食运输方面就发挥了重要作用，如朱国祯《修东塘记》（东塘即頔塘）中即云："自东门尽浔水，凡七十里，履亩而堤，漕道出焉，管一州六邑之口。"而又由于頔塘在圩田灌排方面作用的发挥，有效促进了塘两岸农业生产，对当地经济的进一步繁荣起到了积极的作用。

南宋卫宗武《过荻塘》诗中就有"烟火人村盛，川途客旅稠""绵络庐相接，膏腴稼倍收"之句。而自宋以来，湖州境内的頔塘两岸，也逐步形成了一些经济繁荣、文化发达、人才辈出的市镇，其中以晟舍镇（现属于浙江省湖州市吴兴区织里镇）、南浔镇（今属于浙江省湖州市南浔区南浔镇）为典型代表。

頔塘边的晟舍镇，主要繁荣于明清时期，并以文化、教育见长，其中凌、闵二氏之彩色套印书籍闻名于世，其代表人物则是中国文学史上的著名小说家、"三言二拍"中"二拍"的作者凌濛初。晟舍闵氏则以教育有方、科甲兴盛、代有显宦而成当地望族，如明代闵家出了闵珪、闵如霖、闵梦得、闵洪学四位尚书，清代闵家出了官至巡抚的闵鹗元。如今晟舍镇已经不复存在，代之而起并名扬天下的则是頔塘边的织里镇，有名的中国童装之城。在明清晟舍镇出版业发达的时候，贩书业也很兴盛，大量书船通过走頔

南浔古镇

塘、上运河，将书贩至杭州、镇江、海宁等地。

南浔镇的繁荣也得益于頔塘，可以说南浔因頔塘而生，南浔因頔塘而兴。特别是鸦片战争后，南浔凭借蚕桑业与手工缫丝业发达的优势，借助上海开埠的机会和頔塘便利的水运条件，经济进入高速发展时期，镇上也逐步形成了在中国近代史上影响深远的丝商群体。正如刘大均在《吴兴农村经济》中称："南浔以丝商起家者，其家财之大小，一随资本之多寡及经手人关系之亲疏以为断。所谓'四象、八牛、七十二狗'者，皆资本雄厚，或自为丝通事，或有近亲为丝通事者。财产达千万两白银以上者称之曰'象'，五百万两白银以上不过千万者称之曰'牛'，其在百万两白银以上不达五百万者则譬之曰'狗'。"頔塘也是湖丝走出浙江、走向中国、扬名世界的重要通道。1851年，在英国伦敦举办的首届世界博览会上，"荣记湖丝"就获得了由英国维多利亚女王亲自颁发的金奖和银奖。1915年，在巴拿马万博会上，"辑里湖丝"获得金奖。同时，中西文化也在南浔交汇，如今南浔镇上仍留有刘氏梯号、张石铭旧宅等中西合璧的建筑。

在南浔，至今仍留有一段頔塘故道，而这段故道也已作为中国大运河的

繁忙的运河航运

一部分而被纳入世界文化遗产名录。这段頔塘故道从南浔镇西栅祇园寺旧址向东穿越古镇，出东栅分水墩进入江苏省境内，约长 1.6 公里，是頔塘沿线至今保存最为完好的一段明清时期的古河道。

治水安民　代有贤人

頔塘这项千年水利工程，之所以至今仍在发挥着航运、排灌等作用，与湖州地区历代治水人的努力是分不开的。如创建頔塘水利工程的首位治水人，即东晋时的吴兴太守殷康。据《湖州农业史》之记述，殷康于东晋永和年间（345—356 年）在吴兴筑获塘。对于殷康的事迹，史书记载不多。但从《资治通鉴》中对他参与平叛的记载看，殷康当是一个敢于担当、雷厉风行的官员。

又如，唐代的于頔。他是頔塘建设史上的关键人物。据笔者综合《昼上人集》《唐刺史考全编》《吴兴金石记》等诸多材料，考证于頔于贞元七年（791 年）至贞元十年（794 年）任湖州刺史。于頔对获塘的修筑，因有功于地方，民感其德，遂改荻塘名"頔塘"。正如当代湖州作家徐建新在《頔塘赋》中所说："民独以頔命塘者，何哉？夫为官一任，造福一方……所谓得天理、兴水利、顺民心是也。"而在于刺史之后，也有一些主政湖州的刺史修浚过荻塘。如薛戎，同治《湖州府志》载：薛戎"以廉直宽大为称"，而"湖州最患人者，荻塘河水，潴淤逼塞，不能负舟"，而薛戎"浚之百余里"。

明代的陈幼学也是頔塘建设史上的重要人物。万历三十六年（1608年），湖州知府陈幼学修頔塘，"甃以青石，尤为坚固"。南浔人朱国祯特作《修东塘记》，记云："浔水之利害，界以塘、甃以石，中间支派曲折至多，最巨者东塘。自东门尽浔水，凡七十里，履亩而堤，漕道出焉，管一州六邑之口。故浔虽镇，一都会也。自浔而上虽名塘，实驰道也，内护田庐千万。戊申岁，大水，风冲波激，存者无几。太守陈公于是修东塘，凡费一千五百余金。塘成，父老列三德以颂：曰佣工，曰保障，曰利涉。我湖田畴，旱干水溢之无恙也。七十里屹如亘如，而不妄用湖之一钱一粒，则公之功大矣。"从记文可见，陈幼学对頔塘的修筑贡献很大。

20世纪20年代那次頔塘的大修，有一个重要人物必须要提及，此人就是南浔富商、著名收藏家庞元济。庞元济，字莱臣，南浔人。父庞云鏳为南浔镇巨富，"四象"之一。在那次頔塘修建过程中，庞元济不仅参与发起修塘倡议，还积极捐资助建。此外，他还对修塘之材料，提出了自己的建议："全用石，不如兼用水泥之粘且固。所谓水泥，即今通用之粤厂水门汀也，泥石交融，固粘不解，既无私移之弊，亦无松动之虞。"可见，20世纪20年代对頔塘的修筑，采用了当时的新材料水泥。

至今千里泛清波
——浙东古运河

◎ 邱志荣

> **题记：** 浙东运河是中国大运河的重要组成部分，为大运河之南起始端，也是海上丝绸之路的南起点。始建于春秋时期，系中国最早的人工河道之一，也是中国现存最好的运河段且至今仍在发挥作用。横亘在萧绍宁平原上，起自钱塘江南岸西兴镇到萧山，再过绍兴、上虞，与姚江汇合后，经余姚至宁波三江口会合奉化江，东流镇海入海。其水工技术如基础处理、闸堰控制、水则、纤道桥等都是浙东人民的杰出创造。

城南旧事多。当你漫步于杭州城南的西兴古镇，在老埠头附近依然能找到"过塘行"的踪迹，斑驳的青石路也在诉说着这里当年的风韵：万商云集，士民络绎，市容繁华。晚清文人来又山一首《西兴夜航船》："上船下船西陵渡，前纤后纤官道路。子夜人家寂静时，大叫一声靠塘去。"形象地描绘了当年西兴渡口上下船转运时的夜间情景。

浙东古运河西端的起点就在这里。

唐大和年间，曾任越州刺史的元稹和杭州刺史白居易分别写下了一段和唱诗："舟船通海峤，田种绕城隅"（元）；"堰限舟航路，堤通车马途"（白）。古老浙东运河，越中风光，跃然纸上。

作者：邱志荣，男，系中国水利学会水利史研究会副会长，中华水文化专家委员会专家，绍兴市鉴湖研究会会长。

明清浙东运河图

浙东运河横亘在宁绍平原上，在春秋时期就已形成，是中国最早的人工河道之一，是我国至今仍在发挥作用和保存最好的运河段之一。古浙东运河起自钱塘江南岸西兴镇到萧山，再东南过绍兴城，又渡曹娥江东经上虞丰惠旧县城而与姚江汇合，之后，经余姚至宁波三江口会合奉化江，东流镇海入海，全长约 200 公里。清乾隆五十五年（1790 年）前后朝廷绘制了从绍兴府经杭州直至京城的大运河图，表明浙东运河为中国大运河之南起始端，也是海上丝绸之路的南起始端。

绍兴东湖北侧的山阴故水道

航瓯舶闽　浮鄞达吴

"万流所凑、涛湖泛决，触地成川、支津交汇。"假如穿越时光隧道，回到距今 4000 年前后，山会平原正面临卷转虫海退过后的潮水出没、沼泽遍布。那时，"水行而山处，以船为车，以楫为马；往若飘风，去则难从"，是越民生活的真实写照。

公元前 490 年，具有雄才大略的越王勾践在建立起越国古都——山阴大小城之后，又修建了一条东西贯通全境的山阴故水道，并通过东、西两小江连接吴国及海上航线。越国生聚教训，投醪出师，反败为胜，这条故水道可谓功莫大焉。始皇帝三十七年（公元前 210 年）秦始皇巡越，故水道也因此得到大规模的整治与提升。

汉顺帝永和五年（140 年），会稽郡太守马臻在原故水道基础上筑坝建堤，兴建了我国长江以南最古老的蓄水工程之一——鉴湖。湖面积约 172.7 公里，蓄水 2.68 亿立方米，全长 56.5 公里。鉴湖因承续了古水道航线而更显优越。

公元 300 年前后，晋会稽内史贺循开凿了著名的西兴运河。自绍兴郡城西郭，西经柯桥、萧山，直到钱塘江边，又从郡城东部的都赐堰进入鉴湖，过曹娥江东，经上虞，至姚江可达鄞县；另一条往南过蒿坝，沿曹娥江可达嵊县、天台。至此，浙东运河基本形成，鉴湖和西兴运河效益充分显现，造就"今之会稽，昔之关中"的富庶之地。

唐代开运道塘，西兴运河有了石塘路。南宋鉴湖堙废，浙东运河水利、航运地位更加突出。绍兴元年（1131 年），赵构驻跸越州，改元绍兴，升越州为绍兴府。宋高宗多次往返于浙东运河，留下众多遗迹和传说。又如漕米、食盐、布匹等物资运输和官来客去，帝后梓宫迁运攒宫宋六陵，全靠这条运河水道。南宋状元王十朋描述浙东运河繁华景象："堰限江河、津通漕输。航瓯舶闽，浮鄞达吴。浪桨风帆，千艘万舻。"

明代绍兴知府汤绍恩主持兴建著名的滨海三江大闸，运河水系更趋完善，"有风则帆，无风则牵，或击或刺，不舍昼夜"。

从越国的固陵、句章开始形成的对外港口，使绍兴的丰盛物产与宁波良港融为一体，宁波成为中国大运河南端连接国外的唯一出口，渐成海上丝绸之路。所谓"樯橹接天，藩舶如云"诚非虚言。

大运河西兴遗址

浙东运河水工、航运技术卓绝于世，地域特色鲜明，所谓"三江重复"，是指把运河分隔成各段的钱塘江、钱清江、曹娥江三条潮汐河流，分别横截于运河，连通东西南北；"百怪垂涎"，说的是运河沿途上游山丘河流众多、蜿蜒而下、变化多端；"七堰相望"则指西兴堰、钱清北堰、钱清南堰、都泗堰、曹娥堰、梁湖堰及通明堰此起彼伏，遥相呼应；"万牛回首"，又指小者挽纤、大者盘驳，老牛负牵，盘旋回首，形成一条运河风景线。此外，如运河工程基础处理、闸堰控制、水则、纤道桥等都是聪明智慧的浙东人民的杰出创造。

文化之路　风情之航

绵绵细雨抚过脸庞，锵锵石板踩在脚下，古桥、牌坊、运河石刻映入眼帘……置身于绍兴运河园，游览运河纪事、沿河风情、古桥遗存、浪桨风帆、唐诗之路、缘木古渡六大景区，就是一次跟时空与历史的对话。

对绍兴而言，一部运河演变史就是半部绍兴发展史。

绍兴为越文化的中心，浙东运河一直是文化的滋生和传播之地。会稽、四明山善生俊异，东渡多英才，漂洋过海看世界，浙东也铸就了多元文化的精神特质，兼具内陆文化与海洋文化之长处。

大禹治水来越，"宛委山得天书""毕功于了溪""诛杀防风氏"等故事家喻户晓，会稽山下也就有了"山川灵秀、殿宇宏壮"的大禹陵。

越王勾践有胆剑精神，树王者之风范，又英雄风流，与西施泛舟采莲，其故事滥觞于吴越大地。

会稽山见其仁，古鉴湖显其智，故水道转清转远，风云际会，人才继踵。

汉有王充、吴有虞翻，魏晋南北朝人物荟萃，风流千古。永和九年（353年），书圣王羲之与全国名流41人由运河会集兰亭，饮酒赋诗，畅叙幽情，留下了举世无双的《兰亭序》，"会稽有佳山水，名士多居之"，谢灵运多有山水诗佳作。

唐代文人学士多来越游，形成"唐诗之路"。孟浩然"潮落江平未有风，扁舟共济与君同。时时引领望天末，何处青山是越中"，写出了仰慕越中山水之真性情；李白"鉴湖水如月，耶溪女似雪"，杜甫"越女天下白，鉴湖六月凉"，使人回味无穷。

南宋陆游泛舟运河，多有"稽山何巍巍，浙江水汤汤"，"千金不须买画图，听我长歌歌鉴湖"等绝妙好诗。明袁宏道"钱塘艳若花，山阴芊如草。六朝以上人，不闻西湖好"流传久远；清齐召南"白玉长堤路，乌篷小画船"脍炙人口。

秦始皇，"上会稽，祭大禹，望于南海，而立石刻颂秦德"。东汉会稽太守刘宠为官清廉，甚为百姓爱戴，后来乾隆帝在运河清水亭有诗曰："循吏当年齐国刘，大钱唱一话春秋。而今若问亲民者，定道一钱不敢留。"东汉大学者蔡邕曾浪迹会稽，在今绍兴柯桥一带留下胜迹柯亭。又相传晋代竹林七贤之阮籍、阮咸在西兴运河河畔的阮社投壶畅饮，尽显盖世风华。

南宋理宗、度宗两位皇帝早年于西兴运河迎恩门边生活并发祥而登龙庭，今浴龙宫、全后宅、会龙桥是其生活和纪念之地。遥想当年清代康乾两帝先后横渡钱塘江，沿运河浩荡南来，一时间紫气蔽日，彩云遮天，龙舟独尊，千帆竞发，沿河百官黎民云集，迎接圣驾，是何等壮观气象。至于孙中山为拜谒大禹陵，沿运河乘"烟波画舫"，宣传民主革命，绍兴民众空巷迎观。

辛亥革命前后，绍兴更有蔡元培、徐锡麟、秋瑾、陶成章、鲁迅等先驱，光辉业绩，功垂史册。此外，如"鉴真东渡""阳明讲学""夜航笑谈""越缦日记"等均是佳话。毛泽东诗曰："鉴湖越台名士乡，忧忡为国痛断肠。剑南歌接秋风吟，一例氤氲入诗囊。"可谓不尽名人在越州，处处胜迹留运河。

绍兴是国务院 1982 年首批公布的全国二十四座历史文化名城之一。绍兴水城可谓镶嵌在浙东运河之中的一颗璀璨明珠。唐代越州刺史元积用"会稽天下本无俦"的诗句来赞美这座美丽、繁华的水城。宋代，绍兴水城"栋宇峥嵘，舟车旁午，壮百雉之巍垣，镇六州而开府"。

浙东运河风光如画，著名的纤道桥、八字桥、太平桥、荫毓桥、融光桥、迎恩桥等，是桥乡之奇观；民谚云："大善塔，塔顶尖，尖如笔，写尽五湖四海；广宁桥，桥洞圆，圆如镜，照见山会两县。"又如柯岩、东湖、吼山都是运河建设中留下的采石山水园林。

运河沿岸名镇、名村遍布，湖塘、阮社、柯桥、东浦、东关一带酒坊毗连，酒香千里，酒旗斜耸，船行不绝。清乾隆帝在巡游品尝东浦酒和闻其悠久历史后，曾欣然命笔"越酒甲天下"御题匾额，并称"东浦酒最佳"。

全国重点文物保护单位八字桥

"善歌者使人继其声",沿运水上戏台是演唱弹歌的特色舞台。绍剧《孙悟空三打白骨精》,越剧《梁山伯与祝英台》《红楼梦》等,均闻名遐迩。

中华文化经海上丝绸之路传布海外,禹迹、佛教、书画艺术、纺织、印刷、造船和航海等对海外,尤其是日本列岛、朝鲜半岛产生深远影响。至于日本僧人成寻、朝鲜官员崔溥日记中有关运河内容,成为研究运河的经典文献,有口皆碑。

新容旧貌　欲赋忘言

依水生长,绍兴人有很重的运河情结。20世纪末以来,绍兴倾注于对运河文化的保护和传承,通过综合整治使之成为生态、文化、景观长廊。先后建成了环城河、运河园、鹿湖园等沿运工程。"浙东运河园""传承古越文脉,展示水乡风情",创造性收集运河沿线散落的石构件和遗存,建成集历

浙东运河园照壁

史、文化、风情于一体的"运河纪事""沿河风情""浪桨风帆"等六个景点。

绍兴古城也得到更好的保护。尤其是以城中河道水街为主线,成功地规划建设了一批历史街区。2003年,仓桥直街被联合国教科文组织亚太地区委员会授予"文化遗产保护优秀奖"。

鉴水流长,古镇东浦、安昌,水乡、桥乡、酒乡之味更浓。

如今的浙东古运河,纤道蜿蜒,古风犹存;酒香满路,水清流畅;河海相连,工商并茂;经济发展,人民富裕;新容旧貌,相得益彰;千古名河,是为中华民族的瑰宝。

百里白玉堤　千年古纤道

——绍兴古纤道

◎ 童志洪

题记：绍兴古纤道东起曹娥江西至西兴镇，始建于春秋时期，是沿浙东运河而建的不同形态的堤塘，有顺岸而建，也有筑于水中，用作往来交通、行舟举纤、防风避险、保岸护田而逐步形成的陆道。纤道中间，每隔一段，建起不同造型的石桥。一俟险情突发，舟楫便可进塘避风，从而减少意外灾祸的发生。绍兴古纤道是中国大运河沿岸历史最为悠久、形态最为丰富、保存最为完整的一处古代纤道。

在世界文化遗产浙东运河上，有一条悠悠千年的古纤道。它，便是历史上东起曹娥江边，跨越绍兴府会稽、山阴、萧山（曾名余暨、永兴）三县的诸多乡镇，直至原萧山县的西兴镇，全长约 75 公里的绍兴古纤道。绍兴古纤道的修建始于春秋、止于民国，在长达 2000 多年的历史长河中，越地先人为求生存、谋发展，因地、因时制宜，利用紧靠各类水道的堤塘（岸），用作往来交通、行舟举纤、防风避险、保岸护田。

古纤道，亦名官塘、运道塘、新堤等。它与浙东运河相依相伴，是绍兴人民的伟大创举。它时而一面临水，一面依岸；时而两面临水，平铺水中。宛若一条白玉飘带，又似绵延的"水上长城"。令人叹为观止，流连忘返。

我是运河畔人，从童年起，出门便见碧绿的运河水，清澈而宁静，在阳

作者：童志洪，男，系中国水利史研究会特聘委员、绍兴市鉴湖研究会理事。

民国初期柯桥段西兴运河破水而筑的实砌纤道

光折射下，会显现出奇特的涟漪。这里的人们，常能见到一条条载着鹭鸶（鱼鹰）的小舟。炎夏酷暑，小伙伴们在古柯亭对面的纤道下摸螺蛳、摸虾、踩鸡冠（河蚌）。作为下乡知青和武装民兵，时常肩挎 50 式冲锋枪，巡逻于铁路、公路、纤道畔。还在古纤道上当过纤夫，多次佝偻着腰际，拉着纤船去过萧山西兴、长河。

岁月倥偬，数十年后的今天，重新站在一望无际的白玉长堤间，我的思绪渐渐地飞向悠远的时空。

沼吴战船西征的滥觞

时光倒流回 2500 多年前，让我似乎看到身处泽国水乡的越地先人，以舟为马，驱楫为车，操舟若神：习流二千以沼吴，策动寻笠泽以潜涉；北渡淮会盟，擅航乌之长技；治船习水战，坐大船如山……这载入《宝庆会稽续志》的一幕幕大戏。

绍兴古纤道的"开山之作"，始于越王勾践七年（公元前 490 年）由越国大夫范蠡在紧挨山阴故水道所筑的山阴古故陆道。"山阴古故陆道，出东郭，随直渎阳春亭；山阴故水道，出东郭，从郡阳春亭，去县五十里。"《越绝书》记载这段大越城东至练塘，紧挨山阴故水道所筑长 50 里的山阴古故陆道，是现存古代史志中有明确记载，与华夏最早的人工运河之一——山阴故水道相完整匹配的纤道。各地生产的农副产品，通过山阴故水道、故陆道的行舟举纤，源源不断地运送到越国都城，有力地保障了吴越争霸之战的需要。

春秋时期的越地河网纵横、泽国水乡，无论是将士出征，还是军民运输，主要凭借舟楫。在顺风顺水时，可以扯起风帆，凭借风力作为动能。但遇到逆风逆水、横风或载重量较大时行舟，必须在水道沿岸，凭借现成的陆地或泥堤，以拉纤的方式，来保障舟船的快行。由于途经一些堤堰还须拖舟过坝，当年组成的战船群，成群结队由士兵兼任的纤夫，在土路泥道，喊着浑厚的号子，在纤道上背上纤绳，拖拉着战船艰辛地前行。宋代王十朋《会稽风俗赋并序》里所记，那"大武挽纤，五丁噪谑"的景观，便是越地军士行舟举纤景况的形象再现。

连绵河湖旧堤的初貌

东汉永和五年（140年），会稽太守马臻总结越地抗旱排涝的得失，围筑起镜湖。沿湖筑成28处相互连接的堰堤，形成了与镜湖水道并行西去钱塘的陆路纤道。当年位于山阴县镜湖陆路旁的柯山下，还设立过用以接待官吏、信使的驿馆——高迁亭（即柯亭、千秋亭）。西晋时，山阴县西部出现了西兴运河。这条运河始自会稽郡城迎恩（西郭）终于至永兴（萧山）县西兴。会稽内史贺循当初开凿这条运河，是着眼于北部平原大片新增农田的灌溉，以弥补鉴湖的不足。但运河开通后，水上运输的作用得到更广泛的体现，使它逐步演变成了后世的漕运"国道"。

东晋永和九年（353年）三月初三，来自各地的王羲之、孙绰、谢安、王献之、王凝之等41位名士，正是经西兴运河塘与镜湖南塘，汇聚于山阴县兰渚山下，饮酒斗诗，演绎了一段"兰亭修禊"的传世佳话。

古纤道建筑工艺的变革

千百年来，绍兴古纤道作为贯通萧绍平原的主要陆道与运河行舟时纤夫的必经通道，因原先的土筑纤道"骤雨辄颓"，不易巩固；水土的流失、波涛的冲击，又导致了纤道的破损，行人、纤夫怨声四起。因此，在越地水乡交通历来以水运作为主要支柱的当年，古纤道便全面改建为石堤。

《万历绍兴府志》载："山阴官塘，即运道塘，在府城西十里。自迎恩门至萧山，唐观察使孟简所筑。明弘治（1488—1505年）中，知县李良重修，甃以石。""李良，山东人。弘治初，知山阴。才略过人，废坠毕举。运河土塘，霖雨即颓，水溢害稼，且病行旅。良周咨计度，甃以石，亘五十余里，塘以永固，田不为患，至今便之。"

破水而筑的纤道——绍兴古纤道的特殊建筑形态

明代以前，绍兴迎恩门外至钱清段人烟不接之处的运河纤道多为上铺沙子或局部块石泥塘，李良在弘治元年（1488年）担任山阴知县后的五年中，除将依岸而筑的泥塘全部改作石砌外，还总结历史上，西兴运河山阴县河面宽阔的地段，漕运舟楫与民船倾覆事故一度频发的教训，采取了一个大动作：将约三分之一的纤道，建在水面宽广的运河中，从河底开始，采用一顺一丁等建筑工艺，筑起高出水面约0.8～1米，塘面宽约1.5米，全部由块石、石条及板块所砌筑的石砌纤道与石墩纤道；作为连接，还在纤道中间，每隔一段，建起了不同造型的石桥。一俟灾情突发，舟楫便可进塘避风，从而减少境内意外灾祸发生，确保漕运与民间水运安全。这些破水而筑的石质纤道，其实就是古纤道上的避风塘。李良对古纤道的改建，是古纤道建筑工艺技术上质的飞跃，也是绍兴纤道史上一项根本性的变革。

20世纪60年代柯桥段的运河背纤图

《万历绍兴府志》载："官塘，跨山、会二县。……西自广陵斗门东抵曹娥，亘一百六十里，故镜湖塘也。……知府汤绍恩改筑水浒，东西亘百余里，遂为通衢。"汤绍恩改筑的"水浒"，就是湖边的堤塘，敷设有青石板的通衢。作为陆道，它既可行人、护岸保田，同时也可用于背纤。这是汤绍恩在短短数年的绍兴知府任内，继创建明代中国最大滨海河口大闸——28孔的三江应宿闸后，对浙东水利、交通运输建设上又一大历史贡献。

绍兴府、县当年在百余里运河纤道上"甃以石"，除本地财力的部分投入，运用行政手段征派工匠、征用民夫，除采用"以工代赈"等办法外，购置石料等原辅材料的资金，大部分来源于民间各界的捐助。少年时代，我在柯桥镇一带运河官塘（纤道）间游泳与摸虾、螺蛳时，曾在纤道与河水交集处的条石上，读出许多明清时期当地乡绅、市民捐银者的姓名、金额的石刻阴文。会稽运河东关（今属上虞区）段的古纤道的基石上，同样遗存有古代民间捐建与修缮纤道者姓名的石刻铭文。除会稽县各界人士外，甚至还有位于曹娥江东岸上虞县籍的出资捐修者。

　　这恢宏悠长的百里官塘，是由府、县主官主持，官办民助、民资参与，修筑而成的纤道塘。而且在尔后的数百年对纤道的维修，也多系民间所为。也显现了古代运河周边的民间商贾、乡绅、民众及寺院僧尼等，热心公益、乐善好施的传统美德。

　　石砌古纤道主要根据地形而设。总体而言，凡运河河面宽广、舟楫易遭狂风恶浪侵袭的运河纤道（官塘），一般为两面临水，筑于河中，以利船只避风；而河道相对狭窄之处，则依乡（集镇）村、田地而筑，为一面临水。从而彻底改变了原先"运河土塘，骤雨即颓，水溢害稼，且病行旅"的现象；不仅防止了塘堤田边的坍塌与水土流失，也大大改善了行舟举纤与行人陆上交通的条件；首次在宽广的运河间筑起青石纤道，不仅改变了原先凸凹不齐的土塘外貌形态，还建成了美观的水上"国道"；同时，大大增强了纤道的安全与避险功能，为大小舟楫在狂风暴雨时避风防险提供了坚实的保障。与唐、宋时代的新堤相比较，石化后的古纤道，从建筑形态、实际功能上都发生了质的变革。

　　历经千年沧桑，与运河相依而建、相伴共存的绍兴古纤道，如今尚存约五分之一。继柯桥至钱清段7公里多的古纤道，在1988年公布为全国重点文物保护单位后，上虞区东关段与柯桥钱清渔后桥古纤道，随后又成为全国重点文物保护单位。2014年浙东运河申遗的成功，使绍兴古纤道成为现存中国大运河沿岸历史最为悠久、形态最为丰富、保存最为完整的一处古代纤道，与硕果仅存的世界遗产保护点。在新时期，这处在古人笔下"白玉长堤路，乌篷小划船"的独特景观，业已成为供后人怀古赏景、步履休闲的旅游景点，承担起另一种新的历史功能。

狭葑湖避塘史话

——绍兴避塘

◎ 童志洪

题记：狭葑湖属于镜湖水系内的自然湖泊，是绍兴平原水乡现存最大的淡水湖。狭葑湖避塘，又称为备塘，始建于崇祯十五年（1642年），位于湖中央，是贯通湖之东西，用于行舟避风的石质堤塘。既可供水上行舟举纤，在紧急情况下，又可用于舟楫避险，同时又能够减少浪涛对湖田的冲击，是保岸护田、防止水土流失的重要水利设施。

"千顷狭葑似镜平，中流皓月写空明。动疑兔魄随波去，静见骊珠蹴浪生。光满星芒都北舍，湖宽雁影尽南征。谁分秋水长天色，遥岸萧萧折苇声。"这是清代山阴诗人陈雨村，站在巍峨的绍兴狭葑湖避塘上，观赏湖上秋月时吟咏的《狭葑秋月》诗。

数十年间，虽然我走过大江南北、神州遍地，饱赏诸多名山大川壮美胜景，但故乡的狭葑湖避塘，依然是我魂系梦萦的地方之一。无论是新春佳节的大年初一，还是硕果累累的家乡秋夜，这里都曾留下了我与家人、战友、同学的履痕。吟诵着古人的诗篇，漫步在避塘之端，观赏着一望无际的湖间美景，倾听着碧波千顷的浪涛，那不时飞掠水面的鹭鸟，将我的思绪拉向久远的过往。

作者：童志洪，男，系中国水利史研究会特聘委员、绍兴市鉴湖研究会理事。

狭猱湖

狭 猱 拾 光

20 世纪 50 年代，我正值年少，每年春节随母亲去斗门外婆家，狭猱湖是必经之处。从古镇柯桥高耸的融光桥下，乘上斗门人"阿华头脑"父子开的那趟乌篷埠船，中午 11 时许登船，两支橹摇到斗门，得花四五个小时。从西兴运河经东浦古镇街河，一路向北，进入狭猱湖。穿过广袤无际的湖面，途经潞家庄、西山头等地，一直向前，与花浦桥侧身而过，便进入古镇斗门西街宝积桥塊的外婆家。

记忆中的狭猱湖，碧波千顷，湖面广阔。人在舟中，舟在浪中。在我少时的眼中，犹似在"大海"上行舟般的神奇。去外婆家在狭猱湖上行舟时，遇到顺风，"阿华头脑"会扬起风篷（帆），乌篷埠船乘风破浪，速度很快。从船篷间远望，有一条与我们反向而行的舟楫，正迎着逆风，纤夫在避塘上弓起腰背着纤，艰难地拖船前行。"阿华头脑"说，遇到突如其来的"横边风"与巨浪，船必须躲进避塘桥内避风。

狭 猭 史 话

　　清代山阴诗人陈雨村笔下似镜一般清澈的"千顷狭猭"，是因海平面升降运动变化形成的潟湖。它的存在，少说已有数千年之久。随着 4000 多年前，最后一波海侵海退的完成，而形成潟湖。原先湖内遗留的咸水，经源自会稽山的"九河之水"与后来镜湖水的进入，由包括溪水、湖水与雨、雪等淡水的冲刷，历经千年，最终演变成为巨大的淡水湖。而狭猭湖名的出典，则是因为古时在湖中，盛产一种黄色无鳞的狭猭鱼（又名黄刺鱼）而得名。

狭猭湖避塘

　　历史上，狭猭湖素有"纳九河之水"之称。但经考证，实际汇入湖中河流有十余条之多。此湖自古就与镜湖相通，属于镜湖水系内的自然湖泊。故800 多年前的《嘉泰会稽志》记载：狭猭湖为"镜湖之别派"，即系镜湖水域的另一分支。

　　历史上的狭猭湖，曾有过多个名称：据《宋史》载："山阴境内，狭猭湖四环皆田，岁苦潦。"因沿湖四周的农田，每年受到湖水淹浸。南宋绍熙元年（1190年），担任绍兴知府的丽水县人王信，欲解除民间疾苦，便兴工在湖的四周筑起水利工程，"创启斗门，导停滞，注之海，筑十一坝，化汇浸为上腴"，"民绘像以祀，更其名曰王公湖"，以纪念当年在沿湖大力兴修水利，为民众造福的绍兴知府王信。此外，历史上此湖曾有秧桑湖、黄鲦（sāng）湖等称呼；"文革"期间，此湖曾一度改名为红湖。原先的狭猻湖公社也改名为红湖公社。当年的《新绍兴报》头版曾用较大篇幅，报道过在这里大规模围湖造田，建起"大寨田"数千亩的"胜利成果"。党的十一届三中全会后，又重新恢复为狭猻之名，所在乡名亦仍改为狭猻湖乡。

进入21世纪后，随着城市建设的发展，鉴于整合后的狭猻湖是鉴湖水系的重要组成部分和最大最集中的区域，而东汉太守马臻所筑的镜湖，在南宋初年业已堙废，所余水面早已改名鉴湖的史实；同时考虑到狭猻二字难写、难懂，外地人往往将它当做山兽等多种因素，为了便于对外宣传，进一步提高绍兴水乡的知名度。2002年10月30日，绍兴市四届人大会常委会第37次会议在对《绍兴大城市发展战略纲要》作了专题审议后，决定将狭猻湖改名镜湖。避塘，至今仍按习惯沿用原名。

关于狭猻湖的面积，不同朝代的方志有着不一样的记载。

据《万历绍兴府志》载，湖"周回约十余里。……此湖宜于蓄水，乃近稍为有力者侵也"；清《康熙会稽县志》载，"山阴西北有湖曰狭猻，直阔十里许"；而《嘉庆山阴县志》则载，狭猻湖塘，"湖周回四十里"，显为笔误。2007版的《齐贤镇志》，按此照录。

《嘉庆山阴县志》中所称湖"周回四十里"，如不是修志者的笔误，则可能是此湖最早时的范围。现代史志研究者一般认为，此湖边方圆，应为10公里，傍湖原有大小村庄20多个。方志所载的该湖面积，因何会有如此明显出入？只有一个原因。正如《万历绍兴府志》所载"此湖宜于蓄水，乃近稍为有力者侵也"那般，可能因数百年间，民间的不断蚕食、填湖造田，而直接导致湖面的逐步缩小。但历尽千年沧桑，目前此湖最大容积为635万余立方米，仍为目前绍兴平原水乡中最大的淡水湖。

建于崇祯十五年（1642年）的狭猻湖避塘，又称为备塘。与其他地方的避风塘不同之处，在于它是建于湖中央，是贯通湖东湖西，用于行舟避风的石质堤塘。既可供水上行船举纤，在紧急情况下，又可用于舟楫避险；同时又具有减少浪涛对湖田冲击，是保岸护田、防止水土流失的水利设施。

狭猕湖湖面开阔

古人在狭猕湖中修建避塘的主要原因：一是这里湖面十分广阔；湖西又处于方志中所称的"子午之冲"。所谓"子午之冲"，即此湖处于南北气场交叉的落风口；二是因为正处南北风交汇之下，这个古人笔下，平常"似镜平"的大湖，一旦刮起风来，转瞬间便会波涛汹涌，露出凶险、狰狞的一面。由于周围无处避险，载人、载货的舟船经此，船覆人亡的悲剧时有所现，从而便引起了一些热心公益的乡贤重视，并倾注过数代人的心血。

狭猕湖避塘的建造过程。《嘉庆山阴县志》作如下记载："狭猕湖塘，湖周回（围）四十里，傍湖居者二十余村。湖西尤子午之冲，舟楫往来，遇风辄遭覆溺。明天启中，有石工覆舟遇救得免，遂为僧，发愿誓筑石塘，十余年不成，抑郁以死。会稽张贤臣闻而悯之，于崇祯十五年建塘六里，为桥者三，名曰天济。盖罄赀产为之，五年而工始竣。塘内舟行既可避风涛之险，兼以捍卫沿湖田亩。邑人感其德，为立祠塘南，岁祀之。"

明代由民间全资兴建的水工建筑狭猕湖避塘，从侧面远看，高出水面近一米许，建有桥与凉亭，能供人行走与拉纤，与运河官塘并无二致。但走到塘上仔细察看，实与古纤道（官塘）有明显差别。避塘的建造，略呈 S 形；它的基石，与筑于西兴运河中央的古纤道无异，是将规格大体相等、长约 2 米多的粗大条石，横铺于湖中，层层实叠，最后在上面覆以石板（有的地段未覆石板）；避塘上的基石形态，都是未经雕凿的毛坯石材，看起来有些参差不齐，比较粗放，却十分稳固。那硕大的石条，轻则四五百斤，重则上千斤。其叠砌形状与特征，应该与抗击湖面上急风大浪相关。它的功能虽与古纤道近似，但主要是用于过往船只避风除险。在缺少现代机械设备施工的情况下，现今的人们，很难想象古人如何在烟波浩渺的大湖中央施工，并且全部是由个人出资、利用五年（一说七年）夏季水涸时，将石材直接投入湖中，层层叠筑成这一恢宏的"水上长龙"！

值得一提的是，张贤臣并非狭猕湖所在的山阴人，而是会稽县人氏。他既非当地官吏，手中并无行政权力与资源。只是一位曾经游历京城从商多年的乡贤。本着积德行善、回馈桑梓的愿望，倾其所能，将所攒下的数千金，独资建造起狭猕湖避塘，为当地民众造福。除此以外，他还捐修了山阴县的七眼（贤）桥石塘，与会稽县境内的大禹陵御道、孙端大桥，等等。因此在百姓心中，甚至还一度将他与马臻、汤绍恩这两位治水功臣相提并论，立祠祭祀。

据《康熙会稽县志》载："张贤臣，号思溪，其先余贵人，后徙居东府坊。少孤而贫，事母笃孝，年三十始娶。客游京邸，逐什一，致千金。慨然曰：吾其归矣。归而以经书教其孙。性喜施舍，汲汲赈济为事。修禹陵御道者二，修娄公七眼桥之塘者三，凡桥梁道路之阙碍行役者，悉筑砌之。山阴西北有湖曰狭猕，直阔十里许，舟过遇巨风辄覆，贤臣筑石塘其中。石费工工费六千两有奇，七阅岁而落成。舟行登塘举纤，舟无覆者。享年八十有四。诸村人思之，祠祀于后社村水神庙之右，岁时致祭。民颂其绩，比之马、汤（即围筑镜湖的东汉太守马臻，与兴建三江应宿闸的明代知府汤绍恩）二公。"

狭猕湖避塘的长度，北起七里江村的明星庵，南至林头村的天济庙，"建塘六里，为桥者三，名曰天济"。即狭猕湖避塘原先的大名，是以天济庙的庙名来命名的，最初的名称为"狭猕湖天济塘"。但民间嫌其名太绕，一直称为狭猕湖避塘。古人之所以选择以"天济"作为塘名，至少包含两层含义：一是从建筑过程上说，是感恩天济庙的神灵护佑，使这长达3公里许，筑于大湖中的石塘，前后历经五周年（一说七年）寒暑，能得以安全、顺利竣工；二是从作用上说，避塘的建成，又是上天护佑过往舟楫与人员，在遇到水上风险时，一种实施人救与自救相结合的救济屏障。

据原设于避塘上的"捐资碑"载，这座明代水利工程建成后，在清嘉庆、咸丰、同治、宣统年间，曾由民间捐资作过多次修缮；中华人民共和国成立至改革开放后，政府又先后作过整修。历经岁月沧桑，现尚存石砌避塘

狭猱湖避塘古驿站

约 1.5 公里，存有明清风貌的石制路亭一个、石梁桥 3 座。1989 年 12 月，狭猱湖避塘被省人民政府公布为浙江省重点文物保护单位；2013 年 3 月，在张贤臣建成避塘 370 年后，又被国务院公布为全国重点文物保护单位。

夏夜时分，我常邀集亲朋好友，驱车去数公里外的避塘纳凉赏景。伫足在饱经沧桑的狭猱湖避塘上，沐浴在习习凉风间，遥望天上一轮皓月，耳听烟波浩渺的湖上涛声，抚今追昔，让人浮想联翩：这座避塘，不仅仅是一处由纯民间力量建成的重要的大型水利遗产、古代绍兴民间能工巧匠创造力的结晶，更为重要的是，它体现了古代绍兴先贤，倾举家之财，积德行善、造福桑梓的宽广胸怀。在重视爱国主义精神、优秀历史文化传承的今天，狭猱湖避塘的这段史实，无疑是弘扬爱国、爱乡的乡贤精神，寄托后人乡愁的一处"活化石"。

在绍兴市委、市政府的重视与社会各界的共同参与下，今日狭猱湖避塘周边新建的宽阔马路，与崛起的大学城等一大批现代化设施，亦已展现在人们眼前。随着镜湖地区新的规划蓝图的逐步实施，镜湖中央公园的上马，周边大规模开发建设的不断推进，与各类人文旅游等景观设施的进一步完善，今日镜湖必将变得更加靓丽多彩！

千年塘河水荡漾

——温瑞塘河

◎ 翁德汉

> **题记：**温瑞塘河位于瓯江以南、飞云江以北的温瑞平原，是温州市境内十分重要的河道水系。自东晋时期由人工开凿，对温州的防洪、排涝、供水、航运、灌溉、景观及生态环境保护，特别是温瑞平原的经济和社会发展起着十分重要的作用，是温州人民的"母亲河"。

曾经沧海留印记

晚饭后，我和儿子来到小区后面的温瑞塘河边逛逛。一条小路，沿着塘河边延伸出去，来来往往的健身者与水亲密相处。少年问题多，聊着，聊着，就谈到了塘河，儿子指着宽广的河面问我："塘河是怎么形成的？"我开口就说："很早以前，温瑞大地是一片海洋，还没有塘河呢……"

远古时代，温州由海上的许多岛屿组成，整个温瑞平原还伏在海面下，因此《山海经》里面还有"瓯居海中"的记载。如今立在温瑞平原中央的大罗山等山只是海上岛屿，当时惊涛拍岸，汹涌澎湃，沙鸥翔集，别是一番景象。随着时间的推移，地壳的上升运动，地势隆起，今温瑞平原渐渐变为浅海。

东瓯王时期，大罗山还在海中，但是在汉晋时有的地方陆地已成形，湖

作者：翁德汉，男，系浙江省作家协会会员。

泊、滩涂、田屿渐成。南北朝时，随着帆海区域地势上升，海水渐渐隐退，在瓯江潮水不断冲积下，这里形成了绿洲墩屿，海与江遂被隔断，形成了许多潟湖，而大罗山早已变成陆屿。潟湖之中散布着许多涂屿土墩，大大小小，星罗棋布，舟楫通行便利。当时舟楫从大罗山之支帆游山和头陀山之间穿梭，云帆片片，浩浩荡荡，因此这一带被称为帆海。据《光绪永嘉县志》载："帆游山，在城南三十里吹台山之支，南接瑞安界大罗山，地昔为海，多舟楫往来之处，山以此名，谢灵运游赤石进帆海即此。"当年的永嘉太守谢灵运，在温州游山玩水时写下了《游赤石进帆海》："首夏犹清和，芳草亦未歇。水宿淹晨暮，阴霞屡兴没。周览倦瀛壖，况乃陵穷发。川后时安流，天吴静不发。扬帆采石华，挂席拾海月。溟涨无端倪，虚舟有超越。仲连轻齐组，子牟眷魏阙。矜名道不足，适己物可忽。请附任公言，终然谢天伐。"唐朝温州太守张又新有诗云："涨海尝从此山过，千帆飞过碧山头。"帆游山是从古代帆海之名演化而来。帆海其规模范围大致东至大罗山，西连慈湖山、头陀山，南经岭门与安固（也就是如今的瑞安市）相通。帆海区域连通上河乡一带，一片汪洋，面积相当广阔，浩瀚巨浸，确实有海的气魄。后来形成温瑞塘河后，靠在边上的帆游最大的特点是以其为中心，塘河里的水向北的流向瓯江，向南的流向飞云江。温州和瑞安在此分界，我想水的流向也应该是原因之一吧。

治 理 疏 浚 河 成 型

海水退却，地面不是沙滩，不能够水平如镜，每到雨季，水患成灾。历史上，塘河经过了一代又一代人的治理和修建。这里，我们应该提到两个人，一是唐朝温州刺史韦庸，二是宋朝温州郡守沈枢。

唐朝时，三溪流域河道深浅不一，河道狭窄，排泄不通畅，常常水患成灾，沿岸居民叫苦不迭，如果发大水，那问题就更大了。武宗会昌四年（844 年），温州刺史韦庸发动民众浚治塘河。他躬身督役，令温郡将龚炳督视，筑堤堰、凿湖，将瞿溪、雄溪、郭溪三溪之水汇于湖，十里溉田，从此水不再为害。因湖凿于会昌年间，故取名湖为会昌湖，命近城者曰西湖，在城南者曰南湖，堤曰韦堤。清《光绪永嘉县志》载："会昌湖，在府城西南五里，上受三溪之水，汇而为湖。弥漫巨浸，起于汉晋间。"又载："西湖，在小南门外，自城外西绕瓯浦山下，北至西郭陡门，南通净水、旸岙及西南

温州温瑞塘河

诸乡之水。""南湖，在大南门外吴田下，自城东绕花柳塘，南自南塘至帆游接瑞安界，通东南诸乡之水。"温州话里的"塘"就是湖，所以南湖又叫南塘。南塘旧时自温州至瑞安沿途荷花遍地，十分迷人。清《光绪永嘉县志》之水利条载："南塘，在大南门外，直通瑞安东门。旧称八十里荷花，即此塘也。"

会昌湖的浚治，是温瑞塘河水体系的一大水利工程。浚治后的河面扩宽，河道变深，水道间接连变通，使三溪流域流水迅速汇蓄，大大提高了温瑞塘河水体系蓄水、排泄、灌溉、抗旱能力。而我经常散步的地方，就是在这一带，在原来蓄水、排泄、灌溉、抗旱的基础上，如今又加上娱乐功能。为了纪念韦庸，前几年，瓯海区有关部门还在河岸边竖立起以"韦庸治水"为主题的大型石雕——《塘河魂》。

到了宋朝淳熙十四年（1187年），温州郡守沈枢率永嘉、瑞安二县民众重修了温州城区至瑞安间的南塘河，也就是如今的温瑞塘河。对于这次治理，永嘉学派大儒、南宋著名学者、政治家、思想家、教育家陈傅良专门写有《温州重修南塘记》：

吴兴沈公治郡之明年，谓宾佐曰："上方朝德寿宫为寿，加惠宇内，诏减算钱之半。吾属备数奉诏，何以仰称，而适无一事可以宣劳效能广上意者。唯是郡之百废终将累民，吾幸逢年帑有币余，而啬其藏，失今弗图，以烦将来，将安取此也！"于是作贡院，于是作五营。盖晚而有以塘事告者，公与通判率两邑大夫即里居谋曰："役复有大于此者乎？奈何使吾民锱聚铢敛窃自支补，

会昌河公园夜景

甲前而乙却也！苟无惩时，工勿问庸几何；苟无乏事；石勿问价几何；舆匠肯来；市无强贾。"自冬十月至今三月而塘成。

凡是役，邦人丞请于州，于部使者，前太守李公以钱三百万，提举勾公、岳公继以米四百斛，倡民兴之。民亦输钱累至四百三十二万，起淳熙十有一年（1184年）而事不集。今靡钱一千一百万，而弛民钱六百五十余万不取。邦人以是役为宜书，而属予焉。以予所闻于公者如此。

陈傅良这篇《温州重修南塘记》把沈枢重修温瑞塘河的全过程写得非常清楚。南塘的开疏，又是温瑞塘河的一大重要工程，疏浚后支流旁伸，四通八达，形成河网，塘河两岸成为温州粮仓。同时，大致形成从温州市区小南门跃进桥，向南经梧田、白象、帆游、河口

温瑞塘河潘桥

塘、塘下、莘塍、九里，再向西至瑞安城关东门白岩桥，全长 33.85 公里，正常水位时河面一般宽度为 50 米，最宽处 200 多米，最窄处仅 13 米。悠

悠流淌的塘河，如同一条玉带蜿蜒在温瑞平原上，哺育了一代又一代温州人，因此被亲切地唤作"母亲河"。

旗 飞 鼓 响 文 味 重

千年塘河，带来了两岸的繁荣，也缔造了拥有强大生命力的文化。

在离帆游山不远，白象塔高高耸立着，是塘河的标志，两者相互凝视。温瑞塘河两岸人们的记忆里，塘河是和白象塔连在一起的。

白象塔原称白塔，据有关记载，它始建于唐代贞观年间，第一次大修于北宋咸平年间，"远眺浮图七级，作巨镇于一方"。该塔经过历代多次修缮，至 20 世纪 60 年代倾斜破裂。1965 年，经浙江省文化部门批准而拆除。拆除过程中，在塔里发现大量文物，其中大部分是北宋的，包括彩塑、钱币、漆器、佛经、瓷器、铜器等。其中一件"彩塑泥菩萨立像"被浙江省博物馆推为"十大镇馆之宝"，推荐理由是此像造型优美匀称，是宋代彩塑中的珍品。

活字印刷术是我国古代四大发明之一，世界上许多国家的印刷术都是在我国印刷术直接或间接的影响下发展起来的。白象塔清理出来的《佛说观无量寿佛经》印本残页宽 13 厘米、残高 10.5 厘米，经文为宋体，回旋排列成12 行，统计可辨字 166 个，字体较小，字体长短大小不一，笔画粗细不均，字距极小，紧密无间，排列不规则，无疑是活字排版的特征。经专家考证，《佛说观无量寿佛经》印本残页为 1103 年前后的泥活字印刷本。作为现存世界上最早的泥活字印本，《佛说观无量寿佛经》印本残页可以证明中国活字与活字印刷技术的存在，是毕昇活字技术的最早历史见证，对研究我国早期活字印刷史有重要价值。

而如今，重建的白象塔依然守护着两岸的人们。河，离不开桥。为了交通方便，塘河两岸的人们建设了无数座桥。古时候，造桥方式简单，往往是用石头做原料的。在白象塔边上，有一座古朴雅致的古石桥横跨两岸，在河面上划出了一道优美的弧线。这座古石桥有一个非常好听的名字，叫做清宁桥。该桥东西向，跨温瑞塘河，重建于清光绪三十一年（1905 年）。

清宁桥桥长 30.8 米、宽 2.7 米，为三跨石梁柱桥，中跨高，东西两跨下斜，立面呈弧形。东西桥台由花岗岩块石垒砌，壁内置桥柱各一组，由四根石柱和一根横梁组成。中间两组桥柱因断裂，现用混凝土包裹加固，只余两根粗大的横梁石条裸露在外。每跨桥面由五根石板铺设而成，表面有刻槽以防滑。桥面两侧置青石栏杆，两端设抱石鼓。中跨南侧桥板上有铭文，阳刻楷书"清宁桥"三个繁体大字，桥名两旁刻有一行斑驳的小字，仔细辨认确定为"大清光绪乙巳仲冬重修"。桥东端原有石构桥亭，东面有题额"永宁门"，现改为单开间三官殿。站在桥上数一下，清宁桥桥面共设有青石方形望柱28根，望柱柱头上皆覆刻有精美的垂莲花瓣纹。望柱与望柱之间用精心打磨的青石长条相接，有些石条表面还刻有简单的花纹。

桥因人行而成，人聚之，塘河上古镇古村古街比比皆是，其中梧田老街和瞿溪老街人气最旺。水乡古镇，小桥流水，风光清雅，梧田老街更令人眷恋。从温州城区沿温瑞塘河往南走，梧田是第一个要经过的地方。沿着这主塘河，建设了大量温州本土特色的建筑，临水骑楼、前店后坊、水泥预制花格等元素在这里依旧可见，其中典型的是百年老宅院"谷同春"旧址。

"谷同春"静静伫立在水一方，建于清朝光绪三十二年（1906年），被当地人称为"谷宅"。谷宅是民国实业家谷洪澜的私宅，亦是当时盛名一方的老字号"谷同春"酱园旧址。清末和民国时期，"谷同春"酱园在当地乃至温州都是数一数二的工商大户，颇有声誉。

温州端午习俗中的重头戏，是划龙舟。温州龙舟，与屈原无关。据明《温州府志》载："竞渡起自越王勾践。永嘉水乡用以祈赛。"南宋著名思想家、文学家、政治家水心先生叶适遭御史弹劾落职回家后，会昌湖畔著名的思远楼一直是他钟爱的雅集地点，令他诗兴屡发，写下《端午行》《后端午行》《永嘉端午行》《端午思远楼小集》等。叶适的《端午行》曰：

> 仙门诸水会，流下瓦窑沟。
>
> 中有吊湘客，西城南北楼。
>
> 旗翻稻花风，棹涩梅子雨。
>
> 夜逻无骚音，绛纱蒙首去。

仙门河因地理位置优越，河道宽且直，故龙舟聚而众会，乃竞渡理想之所，成为温州著名龙舟竞渡地之一而享誉远近。据当地人介绍说，仙门河有斗龙传统，历史悠久，龙舟多，河道宽。斗龙时，往往从三溪口一直斗到仙门大河口，转档后不息止，又一直斗到三溪口，来回水程长共计2400米，方以见胜负称服。或从仙门桥向上斗，经山后，一直斗至任桥桥下，全长1300米。在长距离的争斗中，需要划手有一定的体魄耐力和斗志，同时又是两船上鼓手、撑梢、锣手等龙舟主要指挥者的智慧策略比斗，可谓是一场斗智、斗勇的角逐。每次活动开展，都吸引了大批的观众前来观看，当年的叶适应该是其中一个了，他描写了龙舟竞渡时的盛况："一村一船遍一邦，处处旗鼓争飞扬。"

除了叶适，清朝的张浩、王又曾、郭钟岳也都写过仙门龙舟竞渡。张浩是永嘉生员，应友人之约前来仙门河观斗龙，留下了诗作一首，很形象地描绘出了龙舟竞渡情景，诗曰：

> 更约仙门看斗龙，
>
> 蜂屯蚁聚丰村农。
>
> 分明欢乐场中事，
>
> 竟似冤家狭路逢。

温州龙舟竞渡，在宋朝已经很流行，盛于明清，发展至今仍然是人们最为喜欢的民俗活动，素有"看龙舟，到温州"之称，而瓯海龙舟无疑又是温州龙舟的典型代表。2022年杭州亚运会龙舟项目的比赛场址花落瓯海，在温瑞塘河上奏出新的华章。

淡妆浓抹总相宜

——杭州西湖

◎ 董利荣

题记： 西湖位于杭州市区西部，南西北三面均为低山丘陵，"三面云山一面城"。西湖系自然形成，后经历代开发，成为一座人工之湖。最早称为武林水，汉代郡议曹华信筑钱塘，西湖又名钱塘湖，唐代始称西湖。曾主要用于农田灌溉、城市供水，元末以前还是运河主航道上塘河的主要补充水源，现以文化景观闻名于世。2011 年 6 月，"西湖文化景观"正式列入《世界遗产名录》。

水光潋滟晴方好，山色空蒙雨亦奇。

欲把西湖比西子，淡妆浓抹总相宜。

北宋大文豪苏轼的这首七绝，让"晴好雨奇"，成为西湖独一无二别无他选的特点与标志；又让绝代佳人西施，成了西湖最为贴切无与伦比的比喻。这短短二十八个字，无疑是历代西湖诗词之最，是宣传推介西湖的最佳广告语。由于此诗，西湖又有了西子湖的美名。

西湖的来龙去脉，前世今生，充满着谜一样的色彩。探究西湖的成因与成长历程，摸索西湖的自然与人文因素，我们可以明确地认为：西湖既是一座自然之湖，也是一座人工之湖，更是一座文化之湖。无论从人文历史的角度，还是从水文地质水利资源的角度来看，西湖，都有着独特的魅力与价值。

作者：董利荣，男，系中国作家协会会员。

西湖，是一座自然之湖

西湖究竟是如何形成的？

关于西湖的成因，众说纷纭。古代囿于科技局限，西湖成因的说法均语焉不详。近代学者从地形、地质、沉积及水动力学等方面进行考证，提出了西湖形成原因的两种说法。

西湖

一说是：西湖本为海湾，因江潮挟带泥沙长期堆积，日积月累，使海湾与大海隔绝，形成一个潟湖。

另一说是：溪水潴而成湖。地质学家认为，湖之西北岸为赤色火山岩，湖之东南岸为石灰岩，似属石炭纪古生代岩层，自古生代岩层之山坡的溪水北流，遇火山岩阻塞而成湖。

20世纪20年代初，著名科学家竺可桢先生考察西湖之后，于1921年发表《杭州西湖生成的原因》一文，其中写道："假使我们能假想钱塘江初成时候的情形，一切冲击尚未沉下来时，现在杭州所在地方，还是一片汪洋，西湖也不过是钱塘江左边的一个小湾儿。后来钱塘江沉淀慢慢的把湾口塞住，变成一个潟湖。"

其后章鸿钊《杭州西湖成因一解》中"海平面升降说"，对钱塘江带下泥土积塞而成做了更进一步的解释。

著名历史地理学家陈桥驿先生也对西湖成因进行了考证研究。他认为距今2000多年前，西湖还没有完全和海湾割断，可与东海相通。汉朝时，华

西湖山水风光

信筑塘，"自云君山麓北迄钱塘门，以包围之"，于是缺口缩小。其后，泥沙堆积增多，湖东逐渐成为一块冲积平原，西湖基本成形。

由此可见，科学家们基本倾向于西湖是在大自然沧海桑田的变迁中，由海湾与大海阻隔后自然形成的。从这个意义上说，西湖是一座自然之湖自有道理。

西湖最早称武林水，是因为西湖群山旧称武林山而得名。汉代，郡议曹华信筑钱塘，西湖又名钱塘湖，白居易名诗《钱塘湖春行》就是写的西湖。唐代，因湖在州城之西，始称西湖。

西湖，见证着杭州这座城市的兴起与发展。同时，她又伴随着杭城的兴盛同生同长。在人类一次次的打扮下，西湖越来越呈现出惊艳的模样。

西湖，也是一座人工湖

今日西湖，无论你泛舟湖中环视，还是伫立湖畔眺望，抑或站在山顶俯瞰，极目所见，都是如诗如画的风景。

西湖三潭印月

　　与绝大部分江河湖海的天然形成与自然景观不同，西湖之所以能够成为一处受人喜爱的绝佳景区，人为因素影响巨大。

　　前人关于"构造湖盆—湖—人为治理综合说"，便是综合了自然与人为两种因素的西湖成因说。的确，西湖在她后来的发展过程中，有太多太多的人为痕迹。从这个意义上说，西湖是一座人工湖，毫不为过。

　　人工痕迹最为明显的，除了西湖四周边坎与湖畔公园、亭台外，更不用说湖中那几条长堤和小岛。白堤、苏堤、杨公堤，将西湖水面分割成外湖、北里湖、西里湖、岳湖、小南湖五个部分，而堤上拱桥，不仅让长堤呈现出波浪起伏的灵动飘逸气质，更让湖与湖之间水水相连，一湖相通。孤山是湖中最大的岛屿，如果说孤山还有天然成分的话，那么有着"湖中有岛，岛中有湖"特色的小瀛洲和阮公墩、湖心亭，便纯粹是人工形成的景观，它们和几条长堤一样，是千百年来西湖治理的显著物证。每每看到这些灵动飘逸的长堤与精致秀美的小岛，我总会惊叹历代先贤不仅仅是杰出的官员和诗人，也是杰出的画家，他们在西湖这幅画图中，潇洒地构画出流畅的线条和恰到好处的画眼。这些线与点，跟整个西湖的湖光水色美美与共，昭示着人类改造自然的智慧与创造力。

西湖，更是一座文化之湖

　　以地理方位命名的西湖，其实是一个很普通的名字。据清代《西湖考》记载，全国以西湖命名的湖泊有 36 个之多，然而，"天下西湖三十六，就中最好是杭州"。的确，人们一听到"西湖"，往往会跟杭州画等号，又往往会在脑海中浮现出美不胜收的画面，究其原因，还是因为杭州西湖有着丰厚的文化底蕴。

　　西湖的文化底蕴深厚，当然离不开人。

　　2016 年 G20 会议前夕，我在《杭州政协·万象天地》文史专栏发表了《三位古人与一个西湖》一文，不妨抄录如下：

　　在杭州的历史天空中，有三颗巨星光耀古今。他们与西湖的故事，千古流芳。

　　杭州有幸。曾经拥有三位杰出的"老市长"。他们的名字宛如西湖山水，不朽于天地之间。他们便是白居易、范仲淹和苏轼。

　　唐朝是一个诗的国度。诗人未必是官员，但官员往往是诗人。白居易是唐朝最顶尖的三大诗人之一，又是一个出色的官员。唐穆宗长庆二年（822 年），白居易调离京城出任杭州刺史（相当于今市长）。这位年少时便因写下"野火烧不尽，春风吹又生"

杭州苏轼雕塑

而一举成名的大诗人，主政杭州时已年过半百。他的到任，让濒临湮没的西湖"春风吹又生"。白公在杭仅仅三年时间，却做了许多福泽百姓之事，因而深受爱戴。他离任之时受到杭城百姓夹道欢送的场景，堪称官民鱼水深情的经典写照。西湖不仅成了白居易最爱最忆杭州的寄托："未能抛得杭州去，一半勾留是此湖。"西湖也是他精心保护治理后留给杭州人民的一份最佳最厚礼物："唯留一湖水，与汝救凶年。"正因为如此，后人将白居易"最爱湖东行不足，绿杨荫里白沙堤"之堤称为白公堤。如今，白堤如同白居易脍炙人口的诗行，镌刻在西湖湖面上，更镌刻在杭州人的心坎上。

　　星转斗移，世移事迁。白居易离开杭州的二百余年之后，北宋名臣范仲淹于宋仁宗皇祐元年（1049 年）从邓州调往杭州任知州（也相当于今市长）。这一年范公已届花甲，可他依然充满激情，勇于担当。范公在《杭州谢上表》中云："江海上游，东南巨屏，所寄至重，为荣极深。"感激之情溢于言表。范公在杭州西湖尽管没有留下范堤，但他首创的"荒政三策"，却是中国救荒史上的一道大堤。

范仲淹主政杭州的第二年，两浙爆发大饥荒，杭州灾情尤重。范公一改开仓济民的常规办法，而是一来抬高粮价，吸纳各地粮食纷纷运入，反使杭城粮价大跌；二来下令大兴公私土木之役，广招民工，以工代赈；三来更大胆的是纵民竞渡，休闲游湖。范仲淹亲自带头每天坐着画舫出游宴请于西湖之上。范公此举不但没有引来非议，反而引得有钱人纷纷效仿，慷慨解囊，钱物流通，消费顺畅。范公此举多管齐下，收效明显。史载"是岁两浙惟杭州民不流徙"。沈括在《梦溪笔谈》中记载此事给予"荒政之施，莫此为大"的高度评价。范仲淹"荒政三策"，无疑在西湖之畔矗立起一座先忧后乐的丰碑。

时隔二十余年之后，与范仲淹同时代而年岁略小的北宋大文豪苏轼曾两度任职杭州，前一次苏轼在杭州任通判，并无太多建树。后一次正是范仲淹到任杭州的整整四十年之后，即宋仁宗元祐四年（1089 年），已年逾半百的苏轼出任杭州知州。故地重返，苏轼对主政地杭州有了更深的情感与更多的投入。他钟情于西湖的明眸善睐。他迷恋着"水光潋滟晴方好，山色空蒙雨亦奇"的西子湖。他更以极大的精力投入到西湖的疏浚治理之中，成为古代治水的典范。他也为后人留下了苏堤春晓、三潭印月等不朽风景和"淡妆浓抹总相宜"的千古绝唱。

"江山也要伟人扶，神化丹青即画图。"古往今来，正因为有白居易、范仲淹、苏轼及无数名人雅士为西湖增添的人文光芒，西湖，才能像一颗璀璨的明珠，永远闪耀在世界的东方，吸引全球的目光。

毋庸置疑，文中这三位古人是中国人文史上顶尖级的文化名人。然而，与西湖密切相关的历代名人何止于此，仅仅治水名人，都还可以列举出长长的一大串，限于篇幅，再举两例。

例一：李泌与六井

李泌是唐朝杭州刺史，是杭州治水史上一位了不起的人物。

杭州自隋建州以来，市民一直饮用咸苦不堪的地下水。唐建中二年（781 年），李泌自涌金门至钱塘门分置水闸，并用竹管引西湖水至城区，又相继开挖相国井、金牛池、白龟池、方井、小方井、西井等六个出水口，俗称六井。从此开始，杭州居民终于喝上了清甜可口的淡水。尽管如今六井只剩下解放路上的相国井，其余均已湮废。但李泌的恩泽不会湮灭。今人在西湖边昔日入水口处设立了六井纪念标志，便是对治水先贤的最好褒奖。

例二：杨孟瑛与杨公堤

杨孟瑛是明正德年间杭州知府。

因南宋灭亡后，西湖长时间废而不治，豪门显贵霸占西湖堤岸，湖中葑草蔓合，一片荒芜。杨孟瑛于是向朝廷上奏《开湖条议》，提出了必须整治西湖的五大理由。获准后，组织一千余民治理西湖，拆毁了豪强霸占的田荡三千四百多亩，使西湖基本恢复了唐宋时期周匝三十里的旧观。

西湖的文化氛围浓郁，也离不开一个个美好的故事渲染。

《白蛇传》的传说、苏小小的传奇、"梅妻鹤子"的故事、岳飞的事迹……无不让西湖增添人文的色彩。

西湖的文化内涵丰富，也离不开那些千古传诵的经典诗词铸成。唯有西湖，才能让诗人们从心底流淌出西湖般优美的诗句。除本文开头引用的诗作外，下面几首同样脍炙人口：

孤山寺北贾亭西，水面初平云脚低。

几处早莺争暖树，谁家新燕啄春泥。

乱花渐欲迷人眼，浅草才能没马蹄。

最爱湖东行不足，绿杨阴里白沙堤。

——唐·白居易《钱塘湖春行》

楼台耸碧岑，一径入湖心。

不雨山长润，无云水自阴。

断桥荒藓涩，空院落花深。

犹忆西窗月，钟声在北林。

——唐·张祜《题杭州孤山寺》

黑云翻墨未遮山，白雨跳珠乱入船。

卷地风来忽吹散，望湖楼下水如天。

——北宋·苏轼《六月二十七日望湖楼醉书》

毕竟西湖六月中，风光不与四时同。

接天莲叶无穷碧，映日荷花别样红。

——南宋·杨万里《晓出净慈寺送林子方》

涌金门外柳如烟，西子湖头水拍天。

玉腕罗裙双荡桨，鸳鸯飞近采莲船。

——明·于谦《夏日忆西湖》

七彩苏堤

千百年来的人文浸润，文化积淀，渐渐形成了流传千古、闻名遐迩的"西湖十景"：苏堤春晓、断桥残雪、曲院风荷、花港观鱼、柳浪闻莺、雷峰夕照、三潭印月、平湖秋月、双峰插云、南屏晚钟。看到这些优美的名称，怎能不让人们对西湖的文化印记肃然起敬。

西湖的治水遗存

西湖基本成形后，经过历代人工增筑，西湖逐渐被开发利用于农田灌溉和城市供水，也因此留下了许多宝贵的水利工程遗产。

西湖是元末以前运河主航道上塘河的主要补充水源。

西湖圣塘闸白居易《钱唐湖石记》

　　西湖周长15公里，南北长3.2公里，东西宽2.8公里。平均水深2.5米。蓄水量1598万立方米。西湖流域集水面积27平方公里。

　　汇入西湖的主要溪流有金沙港、茅家埠溪（龙泓涧）、赤山溪、长桥溪等。金沙港长约3公里，龙泓涧长约2.2公里，赤山溪长约1.2公里，长桥溪长约1.5公里。1986年兴建从钱塘江翻水入湖的引水工程，从闸口泵站通过管渠穿越玉皇山、九曜山全长3137米的输水隧道，输送能力为每天40万立方米。主要排水口原有两处：一在北，为今少年宫广场的圣塘闸，经闸下古新河泄入运河；一在南，为古涌金门附近，排水经城内河道入运河。1986年兴建西湖引水工程的同时，实施圣塘闸泄水口改造工程、北里湖换水工程、涌金闸开启、西里湖浙江大学护校河沟通工程。2002年起又开辟柳浪闻莺、涌金池、大华饭店、北里湖泵站、岳湖闸、湖滨一公园、华侨饭店等新的出水口，经中河、东河等泄入运河。系列工程的实施，使湖水长年流动，水质变清。

　　西湖既与钱塘江一水相连，又与运河息息相连。

　　西湖不愧是世界文化遗产。它在世界水利史上，也是一个奇迹般的存在。

境绝利溥　莫如鉴湖
——绍兴鉴湖

◎ 邱志荣

> **题记**：鉴湖是绍兴全域性的水利工程，也是中国南方最古老的大型蓄水工程。始建于东汉，纳会稽山三十六源之水，在系列斗门、闸、堰、阴沟等排灌设施的控制下灌溉农田，通过沿海地带的海塘和斗门、水闸排涝和阻挡海潮。因为鉴湖，绍兴从穷僻之地变成了山清水秀、物产丰饶的鱼米之乡。

绍兴城西南不远处，有一汪名湖。这里湖面宽阔达八百里，水势浩渺尽显烟波，有"人在镜中，舟行画里"之感。历朝历代，众多文人墨客游历到此，弦诵吟咏，留下大量脍炙人口的诗文。

如贺知章《采莲曲》："稽山罢雾郁嵯峨，镜水无风也自波。莫言春度芳菲尽，别有中流采芰荷。"将此处写得清新自然、富有情趣。李白《送王屋山人魏万还王屋》："镜湖水如月，耶溪女如雪。新妆荡新波，光景两奇绝。"将此处秀丽旖旎的风景描绘得栩栩如生。

此汪名湖，即是鉴湖，又名镜湖、长湖、大湖。由东汉会稽太守马臻主持兴建于永和五年（140 年），位于时会稽郡山阴县境内（属今绍兴市柯桥区、越城区、上虞区）。鉴湖是我国长江以南最古老的大型蓄水工程之一。《水经注·浙江水》称："湖广五里，东西百三十里。沿湖开水门六十九所，

作者：邱志荣，男，系中国水利学会水利史研究会副会长，中华水文化专家委员会专家，绍兴市鉴湖研究会会长。

下溉田万顷，北泻长江。"

创　湖　缘　由

绍兴是古代大越的中心。距今 4000 余年前，卷转虫海退后的古代山会平原（今萧绍平原），南为会稽山，北濒后海（今杭州湾），东临曹娥江，西濒浦阳江，中间是一片向西延伸的沼泽平原。平原以南的会稽山水顺流而下，在沼泽平原构成众多自然河流，分别注入曹娥江和后海。后海钱塘江主槽出南大门，紧逼山会平原北缘掠三江口而过。钱塘涌潮沿曹娥江等自然河流上溯平原，与会稽山水相顶托，在山脚下潴成无数湖泊。这些湖泊在枯水期彼此隔离，仅以河流港汉相连，一旦山水盛发或大潮上溯，则泛滥漫溢，成为一片泽国。当时越国的生产活动中心主要在会稽山南部山麓地带，即《吴越春秋》所说的"随陵陆而耕种，或逐禽鹿而给食"。

至春秋时期越王勾践"或水或塘"，主持兴修了南池、坡塘、富中大塘、山阴故水道、石塘等堤塘蓄水工程，但不能满足之后萧绍平原的北扩和社会发展对水利基础保障的需求。

东汉永元十四年（102 年），马棱由广陵太守转到会稽郡任太守，他见郡城以南，山会平原最大的溪河若耶溪经常有洪水暴至为患，对郡城及下游的农田、村落构成极大危害。根据自己丰富的治水经验，决定选址在山阴城（今绍兴城）东建回涌湖。主要作用为拦截山会平原最大的溪河若耶溪的洪水，以弯回的堤坝，使盛发的山水下泄受阻。其主要作用是滞洪，尚不能根据需要为下游提供较充足的淡水资源。

东汉和帝时期（公元 89—105 年），在会稽山阴南部地区对兴建一个带有全局性水利工程的要求已日趋迫切。在马棱到马臻为太守期间，会稽地区已经开始酝酿和争论是否兴建一个全域性的水利工程，围绕全局利益和局部利益、短期效益和长期效益的争论，矛盾越来越尖锐和突出。马棱在太守任上时已提出这一规划思想，至马臻前任成公浮为太守时已部分开始实施，从而也开始引起社会矛盾，影响当地的国家赋税。有人举告到扬州刺史，朝廷决定查办。当时主管政府粮库的佐吏戴就死命相抗，坚持不屈，成公浮才免去一场牢狱之灾。

马臻任会稽太守后，肩负前任太守未竟事业，以会稽之大发展为目标，毅然创建鉴湖。

水 利 伟 业

"境绝利溥，莫如鉴湖。"每当走进那个风景如画的胜地，便有一种历史的豪迈与悲壮油然心生。稽山青青，鉴水流长。当年，是马臻巧妙地利用了自南而北的山—原—海台阶式特有地形，将鉴湖总体工程分成上蓄、中灌、下控三个部分。

在南部平原，筑成东西向围堤，纳会稽的三十六源之水和近山麓湖泊、农田于其中。鉴湖的南界是稽北丘陵，北界是人工修筑的湖堤。鉴湖南部山区集雨面积约为 419.6 平方公里，主要溪流有 43 条，鉴湖总集雨面积 610 平方公里。湖堤以会稽郡城为中心，分东西两段：东段，自城东五云门至原山阴故水道到上虞东关镇，再东到中塘白米堰村南折，过大湖沿村到蒿尖山西侧的蒿口斗门，长 30.25 公里；西段，自绍兴城常禧门经绍兴县的柯岩、阮社及湖塘宾舍村，经南钱清乡的塘湾里村至虎象村再到广陵斗门，长 26.25 公里。以上东西堤总长 56.5 公里。东、西湖的分界为从稽山门到禹陵的古道，全长约 6 里。东湖水位一般高西湖 0.1～1 米。除去湖中岛屿，水面面积为 172.7 平方公里，湖底平均高程为 3.45 米，正常水位高程

马臻塑像

5 米上下。正常蓄水量约为 2.68 亿立方米，这是上蓄。

鉴湖围堤后，由于湖面高于北部平原农田 2.5 米左右，在鉴湖工程的一系列斗门、闸、堰、阴沟等四种排灌设施的有效控制下，淡水丰富，海潮被阻，灌溉农田十分便利。这些水利设施中以水闸为调控核心，正如明徐光启《农政全书》中所称："水闸，开闭水门也。间有地形高下，水路不均，则必跨据津要，高筑堤坝汇水，并立斗门，甃石为壁，叠木作障，以备启闭。如遇旱涝，则撒水灌田，民赖其利。又得通济舟楫，转激碾硙，实水利总揆也。"阴沟，则是"行水暗渠也。凡水陆之地，如遇高埠形势，或隔田园聚

落，不能相通，当于穿岸之傍，或溪流之曲，穿地成穴，以砖石为圈，引水而至"。鉴湖工程的四种排灌设施，以斗门为最大，斗门相当于一种大的水闸。东端为蒿口斗门，西端为广陵斗门，在山会平原北部的金鸡山和玉山之间又设置了玉山斗门。闸和堰设置于湖与湖北部主要溪流沟通之处，规模不及斗门；而堰比闸更为简单。闸和堰的主要作用是行洪排涝，以及供给内河灌溉和通航之水，堰不但控制正常湖水位高程，还有拖船过堰通航等作用。阴沟系沟通湖与内河及农田的小型通水渠，主要作用为灌溉。此为中灌。

鉴湖

通过沿海地带的海塘和斗门、水闸控制，实行排涝和挡潮，这叫下控。这个控制入海的鉴湖枢纽工程便是位于绍兴城正北 30 里的玉山斗门，由此入海的主要河流即直落江，亦是稽北丘陵若耶溪干流的下游。玉山斗门的主要作用为挡潮和控制北部平原河网水位。北宋曾巩在《鉴湖图序》中说得更清楚："其北曰朱储斗门（即玉山斗门），去湖最远。盖因三江之上，两山之间，疏为二门，而以时视田中之水，小溢则纵其一，大溢则尽纵之，使入于三江之口。"鉴湖工程从初创到所有工程设施全部完成，再到效益的充分发挥，应该有一个过程，但总体规模应在初创时已确定。

据载，鉴湖周长 358 里，全湖呈狭长形，规模巨大，有 30 多个杭州西湖那么大。这个当时江南最大的水利工程之一，具有蓄水、灌溉、蓄洪、防止咸潮内侵和内河航行等综合功能。

鉴湖工程根据山会地区山—原—海的特有地形，系统规划，蓄、灌、排、挡工程设置科学、布局合理，效益发挥优势充分，均堪称当时世界水利史上的领先水平。

1987 年对湖塘乡的古鉴湖堤进行了发掘考证，在高程 2.6 米处有松木桩整齐排列，碳 14 测定为筑鉴湖时打入，此种情况在古鉴湖堤中发现多处。以木桩及竹木沉排技术处理工程基础当时属先进。

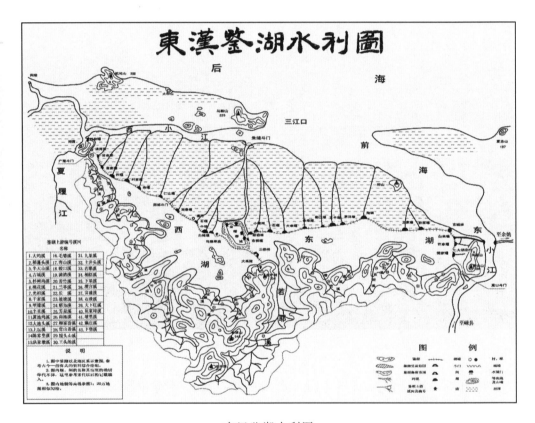

东汉鉴湖水利图

鉴湖用水调度，东湖水在五云门外小凌桥之东，距绍兴城七里，"水深八尺有五寸，会稽主之"；西湖水则在常禧门外跨湖桥之南，距绍兴城七里，"水深四尺有五寸，山阴主之"。鉴湖堤上的斗门、堰闸启闭，都以以上二水则为依据；湖之北灌区内水位控制则依据建在都泗门东、会稽山阴交界处的水则确定，"凡水如则，乃固斗门以蓄之；其或过，然后开斗门以泄之"，是指玉山斗门的启闭。总的调控有水利专管人员根据调度原则进行综合监管，

"而斗门之钥，使皆纳于州，水溢则遣官视则，则谨其纵闭"。用水则量测控制水位，加强科学调蓄，为当时先进管理措施。

鉴湖斗门或水闸沿湖设置，有较多数量，以实地发掘考察的西墅斗门为例，这一古鉴湖建设的斗门采用精巧、坚实的石质卯榫结构，以及木桩基础处理、工程布局水平等也属当时全国领先。

泽 被 越 中

走近马太守庙，赫然可见"利济王墓"石牌坊。牌坊四柱三间，上镌："作牧会稽，八百里堰曲陂深，永固鉴湖保障；奠灵奄岁，十万家秋祈春报，长留汉代衣冠。"可见当地百姓对马臻修建鉴湖的高度肯定和由衷赞许。越地，也正是因为有了鉴湖，才从管仲笔下"沼泽连绵、土地斥卤"的穷僻之地变成了山清水秀、物产丰饶的鱼米之乡。

鉴湖调蓄了上游会稽山 419 平方公里集雨面积的暴雨径流，基本消除了会稽山暴雨山洪对北部平原的威胁。通过玉山斗门及日益完善的沿海海塘建设，抵御了海潮对山会平原的浸灌之害。丰沛的蓄水为北部平原九千余顷土地的灌溉，提供了源源不断的可控制的自流式水源。

鉴湖北堤是在原山阴故水道的基础上增高堤坝，新建和完善涵闸设施建设而成，西起广陵斗门，东至蒿口斗门，全长 56.5 公里。西鉴湖过西小江至钱塘江边的西兴渡口，沟通钱塘江航道。东鉴湖向东延伸的一条河过白米堰、曹娥堰后

绍兴马太守庙

到曹娥江东经上虞，至姚江可达明州；西北则为曹娥江通杭州湾航道。另一条至白米堰往南过蒿坝，沿曹娥江可达嵊州、天台。鉴湖建成后，水位抬高和设施完善使航运条件更为优越。鉴湖初创至晋代，山会地区主航线即为鉴湖，至晋至唐，西线（山阴县）的航线渐为西兴运河所取代，而东线（会稽县）鉴湖仍为主航线并延承至现代。鉴湖航运的地位和作用十分显著，六朝虞预《会稽典录·朱育》中称"东渐巨海，西通五湖，南畅无垠，北渚浙江"。

绍兴利济王墓（马臻墓）

　　鉴湖的水利效益，加快了山会平原的综合开发与经济社会发展。魏晋时期，鉴湖水利兴盛，北部农田得以较大规模开发之际，正是我国北方地区战火连绵，兵荒马乱之时，于是在朝廷南迁时，有大量人口涌入山阴，见到了这里安定的社会、肥沃富饶的土地、秀美的山川、浩大的鉴湖，正是他们梦寐以求的生活居住环境。大量北方地区迁居而来的富裕人家在此定居的同时，也带来了先进的生产技术和生活方式，农业生产得到迅速发展，交通运输业、酿酒业、养殖业、陶瓷业都得到了较快发展，由此带来了经济增长，城市繁荣，人口增多。孔灵符在《会稽记》中形容：今绍兴一带当年已是村落遥相连接，境内无荒废之田，田无旱涝之忧的富庶地区。《宋书》的作者沈约（441—513年）在孔季恭传中更详尽描绘了这里经济发达的情况："会土带海傍湖，良畴亦数十万顷，膏腴上地，亩值一金，鄠杜之间不能比也。"

　　曾是咸潮直薄的山会平原，由于鉴湖兴建而成为山清水秀的鱼米之乡。"人在鉴中，舟行画图；五月清凉，人闻所无，有菱歌兮声峭，有莲女兮貌都。"北部平原的大片土地得到了冲淡改造，成为水网密布，河流纵横，五

鉴湖渔歌晚照

谷丰登，百草丰茂，绿树成荫，气候宜人，自然环境十分优越之地。

良好的自然社会环境，吸引大批优秀的外地人才来越。继王羲之、谢安之后，大批文人高士慕名而来，形成"东山再起""兰亭雅集""唐诗之路"等文化高地，极大地丰富了会稽的文化积淀，打下了深厚的发展基础。外地的先进文化、技术也迅速传入会稽，提高了这里的生产力水平；商贸经营也同时得到较快发展。

当然，鉴湖的修建，成就了千秋伟业，也造成部分房屋、坟墓被淹没，劳役增加等问题，引起了利益受损者的不满。更严重的是招致了在政府官员中既得利益者的反对，他们阴险地以瞒天过海的手段，在政府掌管的户籍簿上抄录已死亡人的名字，借这些死人之名告到朝廷。主要罪名是马臻贪污政府皇粮和财政收入，筑湖淹没当地百姓土地、房屋和祖坟，激化社会矛盾。于是顺帝一怒之下，下旨杀了马臻。

鉴湖修建300年之后，孔灵符在孝武帝大明（457—464年）时任会稽太守，见鉴湖效益巨大，查史料得知鉴湖兴建的真相，又听到民间相传马臻被杀的冤情。于是整理史料，在所著《会稽记》中以简短的文字记下了鉴湖的建筑时间、规模、形制、效益，以及马臻被杀的缘由。北宋嘉祐元年（1056年），仁宗赐马臻为"利济王"。每年农历三月十四日，民间都要祭祀马太守。

鉴湖工程充分显示了水利在社会发展中的重要地位和巨大效益。治水兴

鉴湖国家城市湿地公园

利需要伟大的奉献精神，绍兴人民也敬重和怀念为兴修水利作出贡献的历代会稽地方官。兴修水利除了要靠政府组织，更要万众一心，支持水利。需要一代又一代人缵禹之绪，弘扬光大；不断开拓，不懈努力。

湖上青山展画图

——余杭南湖与北湖

◎ 边伟亮

题记： 余杭南湖与北湖是为防御东苕溪洪水对杭嘉湖平原的威胁，同时解决干旱时节的农田灌溉，在南苕溪右岸及东苕溪左岸开辟的人工水域。南湖始建于东汉，是太湖流域兴筑最早的人工湖泊，北湖始建于唐代，南湖、北湖现在除承担滞洪区功能外，已经成为风景优美的休闲旅游之地。

湖波犹澄鲜，山烟亦缥缈。即次淹坐愁，共往暂展眺。兹惟苕水汇，况乃秋雨潦。谷门趋众流，沙墩隐乱草。叶艇泛绿荇，竹筏拂紫蓼。含欢聚浴凫，惬意冲飞鸨。西顾行潢洞，东望亦浩森。滀汩滚坝夕，潋滟南塘晓。颒濯既已宴，澹澈岂云早。驻此且涤巾，未厌恣幽讨。

更看楼台相掩映，风流端不减西湖

清代诗人张丹《望南湖》诗，动态地描写了余杭南湖旖旎的画面，缥缈的山烟、飘逸的小艇、欢聚的浴凫，宛若一幅幅连续的图像呈现在我们眼前。同时也清楚描画了南湖的地理位置与形势："兹惟苕水汇"，"西顾行潢

作者：边伟亮，男，就职于浙江华电器材检测研究院有限公司，高级工程师。

洞，东望亦浩淼"，"潆汩"之水过"滚坝"而入湖。

南湖晚霞

　　南湖位于余杭西南苕溪右岸，始建于东汉，是太湖流域最古老的水利工程之一。其主要功能是阻滞南苕溪山洪，减轻下游防洪压力和洪水灾害，所纳蓄洪水还有着灌溉下游耕地的功能。

　　天目万山之水汇为苕溪，梅雨、短时暴雨、长时间阴雨形成的洪水，有排山倒海之势，冲毁田园庐舍，更会给下游杭嘉湖平原带来灭顶之灾。洪水迅速下泄，之后的农作物生长季节，又苦于无水灌溉。东汉熹平二年（173年），余杭县令陈浑为防御东苕溪洪水，在县城西南、南苕溪右岸洼地筑堤围湖，以分杀苕溪水势，干旱时节再以蓄积的湖水灌溉田地，所谓修地利以补天时之不济也。湖分上下（南上湖、南下湖），沿溪为上湖，塘高1.5丈，周围32里；依山者为下湖，塘高1.4丈，周围34里。湖面共1.37万亩，统称南湖，可溉田1000余顷。余杭南湖是东苕溪上游最早人工建造的分洪、滞洪区，也是太湖流域兴筑最早、当时规模最大的人工湖泊，至今仍发挥着蓄水灌溉和防洪的功能。

　　唐初，南湖淤塞功能减退。唐宝历元年（825年），归珧任余杭县令。到任后，循汉代陈浑所开南湖旧迹重置南上、南下二湖。归珧浚湖修堤，恢复蓄泄之利，民得以富实。又于东苕溪左岸（西岸）开辟北湖，塘高1丈，周

南湖

围 60 里，蓄泄调节中、北两苕溪水，受益田地 1000 余顷。

余杭南北湖滞洪区对东苕溪下游杭嘉湖平原的安全，作用重大。东苕溪源自天目群山，山隘地高，暴雨时节，水势滔天。余杭地势平坦，洪水来袭往往漫天波涛，宋成无玷《南湖记》言"然不三日辄平，其为患虽急除，而难测以御也"。"故余杭之人，视水如寇盗，堤防如城郭。旁郡视余杭为捍蔽，如精兵所聚，控阨之地也"。故而除南北湖的开辟者陈浑、归珧外，宋代的杨时、章得一，元代的常野先，明代的戴日强，清代的张思齐等很多有政绩的余杭或钱塘县令，都曾大力治理过南湖。

汉唐以来，南湖和北湖在东苕溪流域防洪和蓄水灌溉方面一直发挥着重要作用。但自南湖建成以来，地方权势、富豪侵湖垦地屡禁不止。特别是明代占垦为最厉，明万历三十六年（1608 年）夏大雨，由于南湖失去大部调蓄功能，天目山区洪水建瓴而下，酿成百年未有的大灾。万历三十七年（1609年），知县戴日强奉命勘测南湖，定址开浚，湖中筑十字长堤，堤防上种桑万株，一以固堤，一以招租增收，作为南湖 5 年一小浚、10 年一大浚的资金。清康熙十年（1671 年）九月，巡抚范承谟捐俸浚南湖，委杭州知府嵇宗孟会同仁和、钱塘、德清等县分段施工，余杭知县张思齐昼夜监督开浚，四县民夫皆大鼓励，3 个月竣工。是年，知县张思齐又捐资修筑天竺陡门，改旧"井"字式为"八"字式，以便启闭。后开浚港道，引溪流灌溉田地。乾隆时也曾挑浚，但因工费浩繁未能浚深。清代外来山民垦山种植玉米、番薯，入湖泥沙渐积渐多，侵占湖地又屡禁不绝，南湖迅速趋于萎缩。至道光、咸丰年间，南湖已淤积称成陆，失去调蓄洪水的作用。光绪十六年（1890 年），浙江巡抚崧骏奏准，用以工代赈法浚治南、北湖与东苕溪。民国时期，仅于岁修经费项下拨些款项维修湖堤，无浚治工程可言。民国 5 年（1916 年），浙江省第二测量队测得南湖面积为 1.12 万亩。民国 17 年，林保元、汪胡桢、肖开瀛等调查浙西水道时，按浙江陆军测量局 1∶50000 地形图，曾对南、北湖进行测量。

中华人民共和国成立之初，南湖面积约为 4.7 平方公里（约 7000 亩）。其后人民政府陆续实施南、北湖分滞洪工程整治改造、加固堤防、重建分洪闸等工程。1951 年，余杭县人民政府征收南湖部分被占土地，开展南湖滞洪区治理工程，投入 16.65 万工，加高加固环湖堤塘，整治后南湖蓄水量为1862 万立方米。1952 年开始治理南下湖。1953 年改建石门桥进水堰。新堰长 90 米，底高程 9 米。当水位上升到 10 米时，闸门自动翻倒放水入湖。原滚水坝改建成 2 孔泄水闸，孔高 3 米，宽 2.55 米，闸底板高程 3.66 米，采用螺杆启闭闸门。在上游青山水库建成以前，南湖分洪极为频繁，1954 至1963 年间共分洪 29 次。

1964 年 4 月，位于东苕溪主干南苕溪中下游，靠近临安市青山镇的青山湖水库主体工程竣工后，青山湖水库结合其他圩区紧急分洪以保西险大塘安全，南湖滞洪区起配合作用，压力减轻。

1993 年 12 月，南湖滞洪区开始进行重建加固工程。1994 至 1995 年封堵老闸，重建新闸和加固围堤，拓宽分洪闸至东苕溪主流南苕溪的引河长 565米，引河上口宽 75 米，下口宽 25 米。重建加固工程共完成土方 49.71 万立方米，混凝土 0.98 万立方米，石方 5.1 万立方米，铺砂石路面 1.75 万平方米。总投资 2178 万元。重建加固工程的主要建筑物有分洪闸、东围堤、西围堤等。

人们常常把南湖比作西湖，南宋龚大明就在他的诗中写道："梅霖初歇水平湖，湖上青山展画图。更看楼台相掩映，风流端不减西湖。"朱熹也曾写下这样的诗句来描述南湖风光之美："水殿夜凉疑作雨，锦城花暖不知霜。常将半醉输春色，故出残妆立晚香。世态恒情争逐艳，东篱零落一枝黄。"我们也有意无意地，接受着诗人的指引，在每一个日常、每一种情境中，细细地品味南湖的美。说湖光山色，总觉得有些俗套，但在余杭，这四个字却是再恰当不过。

世世代代的南湖人与南湖同生息、共流长。人们在南湖发现过黑陶、石器、古钱币等早期生产、生活用具，而南宋建都杭州，更有大量北方移民来南湖开荒耕种。南湖茂盛的柴、草，曾是余杭及周边并远及桐乡、嘉善一带百姓生活用火和饲养牛羊的粮草之源。近年来，政府及有关部门投入资金，对南湖进行生态保护和旅游休闲并举的开发和建设，南湖已形成约 6000 亩的水域，滞洪区面积约 5.21 平方公里。水质优良，来水为中泰街道铜山溪

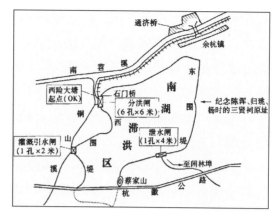

2000 年南湖工程平面示意图

水；近期实施增殖放流、渔资源丰富，野生鸟类多种；自然景观优美，6000余亩水面结合中央三岛一堤、南侧湖山等，形成山水一体自然风光。

现在的南湖，已成为一个旅游、休闲的好地方。常年花红树绿，草木茂盛。南湖东北 1.7 公里有宝塔公园，宝塔山上有名胜古迹安乐塔，隔苕溪有姊妹塔舒公塔。湖东北 4 公里处有阿里巴巴菜鸟物流总部，湖东南有大盘绿城桃花源。西部油菜花开时有巨大的油菜花海，有牧马俱乐部，沙溪口风景优美，策马扬鞭，心情惬意。千亿级阿里巴巴达摩院总部规划建在南湖附近。人们随时可以从繁华都市中抽身出来，投入山野江湖。余杭人的朋友圈里，是少不了南湖的。"握坐青毡草色芜，桃花夜雨欲模糊。起来踏遍南湖路，不道秦源即此湖。"脍炙人口的诗句，仍可能是最贴切的配图文案。桃红柳绿，映着湖，映着山，衬着古塔、霞光……从任一个角度看去，每一处景致都有自己的风采，同时又是对彼此的完善和成全。

万亩芦花迎风摇，蒹葭苍苍似飞雪

说完南湖，我们再来看看北湖。北湖古称天荒荡，又名仇山草荡，俗称草荡，位于余杭镇北 8.5 公里处。北湖也是苕溪流域著名的古老水利工程，主要功能是滞纳中、北苕溪洪水，以减少东苕溪的区间洪水，直接减轻中、北苕溪堤防的防洪压力，间接减轻西险大塘的洪水威胁，干旱时可蓄水溉田。

北湖始建于唐宝历年间（825—827 年），为余杭县令归珧所开。因在余

杭县北，故名北湖。唐以后因长期未加疏浚，淤积严重，民间又不断开垦湖田，致使湖面日益缩小。清光绪十一年（1885年），浙江督粮道廖寿丰主持疏浚相公庙（位于今瓶窑镇南山村）一带湖区，调集兵丁参与其事，历时3年完工。此时湖基尚有万亩，另有西溪、南山等草荡数千亩。

民国期间北湖未加开浚，中华人民共和国成立之初，北湖堤防已完全坍损，成为天然滞洪区。1970年，余杭县计划全面治理北湖草荡。1971年，把北湖整治改建为可控制的中苕溪滞洪区，新围堤塘10.1公里，加固此前已围堤塘4.6公里，堤顶高程9.2～10米，堤顶宽2～5米，边坡1∶2。新建分洪进水闸于中苕溪信桥，堰顶高程7米，总宽70米，设计流量315立方米每秒，安装立轴式钢筋混凝土活动闸门35扇，每扇宽2米，高2米；2孔泄洪闸建于瓶窑镇汤湾渡，每孔宽3米，高4米，闸底高程2.0米。单孔泄水闸2座，一在庄林渡，孔宽1.8米，高2米，闸底高程2米；一在瓶窑镇横山村，孔宽1.5米，高1.8米，闸底高程4米。经过治理，增强滞洪能力，并消灭钉螺危害。北湖滞洪区建成后，曾于1974年、1977年、1983年、1984年分洪，对削减南、中、北苕溪洪峰，保护西险大塘，降低附近各区、乡洪水压力，发挥了良好作用。1974—2003年，北湖滞洪区共分洪9次。

北湖

20 世纪 90 年代初，北湖滞洪工程列入东苕溪防洪工程进行重建加固，主要任务是：根据东苕溪防洪规划要求，北湖滞洪区分泄中苕溪洪水，北湖滞洪工程开闸分洪水位由 80 年代的瓶窑镇水位 8.2 米提高到 8.3 米，原进水闸立轴式转动门扇废除，另行新建 6 孔钢筋混凝土平板分洪闸，最大分洪流量 560 立方米每秒；原泄水闸改建以及滞洪区内增建排灌机埠 4 座、抗旱机埠 11 座、拆除老桥后新建 80 米长下木桥 1 座。

1995 年 10 月 29 日，东苕溪余杭北湖滞洪区重建加固工程动工。该工程为太湖治理工程中东苕溪防洪工程的重点之一，重建加固工程的主要建筑物有泄水闸、分洪闸、围堤等。

准确来说，北湖应称为湿地，近 2 万亩的面积有两个西溪湿地那么大，多是水洼草地、池塘、芦苇塘等湿地环境。北湖在消纳洪水保障西险大塘的安全方面，仍然发挥着重要作用。2008 年年底实施了滞洪区综合整治工程，完成区内 297 户种、养殖户的搬迁和撤离，收回区内国有土地使用权及拆除生产管理用房。2009 年 8 月 10 日晚，受台风"莫拉克"影响，突降暴雨致山洪暴发。为确保西险大塘安全，在 8 月 11 日 1 时启用北湖分洪闸的情况下，又于 11 日 8 时对北苕溪右岸庄村渡处堤塘实施了爆破分洪。北湖滞洪区的应急闸门一般不启用，仅当出现重大险情时启用分洪。

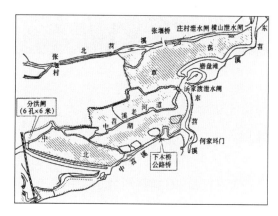

2000 年北湖工程平面示意图

北湖以芦苇丛生、野鸟纷飞闻名。芦花从每年 10 月开到翌年 1 月，草荡内芦花如白雪连结成片，远近交错，彰显了乡野的恬静与舒适。春秋时节，邻近县市的人们会带着孩子来这里旅游休闲，孩子们的嬉笑奔跑也是一道美丽的风景。北湖还是余杭最著名的鸟类栖息地，全球共有 8 条候鸟迁徙路线，其中"东亚至澳大利亚迁徙线"经过浙江，而北湖是候鸟迁徙途经浙江的重要通道。2013 年北湖被区人民政府列为动植物生态保护区。每年 11 月下旬到 12 月间，会有近十种、上万只候鸟飞来越冬，包括国家一级保护动物白头鹤，国家二级保护动物天鹅、鸳鸯、猫头鹰、白头鹞、斑嘴鹈鹕、猴面鹰等。近些年来，吸引了众多游客，同时不断有专家学者、观鸟爱好者专

湖上青山展画图——余杭南湖与北湖

北湖草荡风光

程前来研究，有些观鸟爱好者甚至为了"迎接"候鸟，凌晨三四点就会来此守候。

相比于南湖动静皆宜的场景，北湖的草荡则是把"静"字表现得恰如其分。站在高高的草荡田埂上，放眼望去，没有肆意的渲染，只有自然与草荡最直接的"交流"，属于自然的景色必然让你心旷神怡。许多地方都有湖泊，但是都没有像余杭那样，城与湖的关系如此唇齿相依。若是没有了南湖、北湖，余杭便不是我们现在所知道的余杭了。对今天的余杭人而言，南湖、北湖就是自家的后花园，朝朝暮暮，途经湖滨，随意瞟上一眼就是。余杭人的生活，就是这样令人艳羡。几乎再没有哪个地方，可以在城市与自然、繁华与山野之间，做着如此亲密愉悦的交织。天赐的湖山，瑰丽的景色，细心调和着这座城市的情绪，成就着美的和谐。

续存千年的智慧

——太湖溇港

◎ 章苒苒

题记： 太湖溇港位于湖州苕溪冲积平原，是人工开凿的纵横交错的水道，自太湖向内陆延伸，形成了集灌溉、排水和蓄水功能于一体的巨大水网，充分运用东、西苕溪中下游地区众多湖漾进行逐级调蓄，使东、西苕溪和平原洪水经溇港分散流入太湖。溇港的雏形可追溯至4000年前，在此基础上形成的桑基鱼塘以及圩田系统，使湖州成为"鱼米之乡""丝绸之府"。2016年11月，太湖溇港入选世界灌溉工程遗产。

旧时湖州，一首几近失传的民谣曾在水灵灵的半空婉转而行。

"大白渚沈安，罗大新金潘，潘幻金金许杨谢，义陈濮伍蒋钱新，石汤晟宋乔胡薛，薛部丁家一点吴……"

看似毫无意义的歌词，却罗织了南太湖一段凝结智慧与荣耀的发展史，那便是——续存千年的溇港往事。所谓"溇港"，便是自太湖一条条向内陆延伸的、或宽或窄的水道，它们在广袤的大地上纵横交错，成就了一张巨大的水网，这张水网集灌溉、排水和蓄水功能于一身，更是湖州能成为"丝绸之府""鱼米之乡"的秘诀所在。

歌谣中的每一个字眼，便是一条溇港的名字，一条溇港的名字又成就依畔而生的村落之名，水乡泽国便是这样缓缓勾勒起来，酝酿了南太湖的最美

作者：章苒苒，女，系小说作家、影评人、专栏作家、编剧。

湖州南太湖溇港

传说。因受溇港福泽，在其圩田之上诞生了湖州这座水乡城市，其因湖而名，因溇而生，因港而兴，是太湖溇港发端最早、体系最完善、特征最鲜明、存续时间最长和唯一完整留存至今的地区，是名实相符的溇港古邑。

防 风 氏 的 智 慧

中国上古时期的神话传说中，有这样一个巨人，身长三丈三尺，系远古防风国（今浙江德清县）的创始人，又称汪芒氏，传说为今天汪姓的始祖。据典籍记载，防风氏是"守封禺之山"的"神守"，即一方诸侯，其主要功业是治理洪水。

彼时的防风与鲧、玄龟一起治水，扔了九天九夜的小青泥山，利用山势将大片洪水挤到海中，就这样促成了一大片有山有水的好地盘。防风又用其巨大的脚掌踏出一条条深沟，把洪水统统引到低地里去。这块低地就是现在的太湖。自此洪水北泄太湖，东流大海，南矢钱塘，使水地变成旱地。倘若依照传说所述，现今依旧保留完好的溇港应该算是防风氏的至高杰作。

如果说，位于四川省成都市的都江堰是中国大型水利工程史上最为辉煌的一笔，那么溇港则是完全不输于都江堰的古人智慧结晶。

自南北向伸向太湖的河道称为"溇"，自东西向延伸的河道横贯其间，被称作"塘"，横塘纵溇间拱起的土堤田园唤作"圩田"，圩田在溇塘湖漾之间受土堤保护，悄然围起了一个个村庄、田地，乃至鱼塘，规模从几十亩到几千亩不等。溇塘港圩就这样呈现星罗棋布之势，梳理成了南太湖最亮丽的风景。

这把水道打磨而成的"梳子"既是守护水城湖州的"温柔榻"，亦是为当地百姓赚得金山银山的聚宝盆。俯瞰整个太湖溇港，其密密层层的布局架构俱是玄机暗藏，其由堤防、溇塘、湖漾、水

新建凤山灵德王庙记碑，
吴越国王钱镠立

闸、沟渠等构筑而成的，层层相扣，缺一不可，形成了一套极其巧妙的内部循环水利系统。

众所周知，太湖年年有汛期、旱季轮番上演，水涨水落都有其规律。而湖州城所在的苕溪冲积平原，河道短、水流急，溇港的诞生，便是顺其水势而为。古人通过人工开凿，将那里汛期涨潮时节，溇港将上游的洪水进行疏散和排泄；旱季水位过低，又能自太湖引水进行灌溉，利用低洼地建成的众多湖漾与溇港和横塘沟通，水位的调蓄功能发挥了优势。而溇港水网与圩田之间，通过斗门闸坝等工程，为圩田灌溉供水，排泄圩内涝水，而在圩田内部也有完善的输排水渠系和控制工程。西北风刮过的隆冬，太湖水便裹挟风沙冲上南岸，形成淤积。东北朝向的溇港直通湖口，所泄的水流就可以从侧面将南下泥沙重新冲入湖中，防止泥沙长驱直入、停淤河道，实现了自动防淤，水网就这样实现了自我修复。

显而易见，那鱼塘不是防风氏巨脚踩出的深沟，却是勤劳的当地村民利用圩田围成的低洼地挖出的鱼塘；"小青泥山将洪水挤入大海"是假，用塘泥培筑塘堤才是真，就这样成就了"塘内养鱼，塘基种桑，桑叶养蚕，蚕沙

南浔溇港河网圩田

喂鱼，鱼粪肥塘，塘泥肥桑"的天才构思，这种特有的水下和陆地互为循环的农业形态，成为桑基鱼塘。

溇港下游河道两岸也暗藏玄机。这里的桥梁往往跨度窄小，将入湖的溇港河道突然收窄，形成了上游宽、尾闾窄的独特河形。河水在从宽河流入狭窄的尾闾之时，为窄岸所逼，流速骤然增加，疾速冲向太湖，使水中泥沙激荡尽净，大大降低了溇港的疏浚成本，其巧夺天工的设计与现代工程流体力学的相关原理不谋而合。溇港将蓄泄吞吐、分水引排的各项功能发挥到了极致，为农业开发创造了良好条件，同时也推动了航运及商贸的发展，在太湖流域发展史上具有里程碑意义。

"一里一纵溇、二里一横塘"，古人就这样以高度智慧做到了与大自然的规律和平相处，共同繁荣。

水 神 庇 佑 的 乡 土

20世纪30年代，繁荣的大上海码头时常出现一些富人，他们身上的财富标志不是银元金表，却是一件将腰间束裹得严严实实的"拙裙"。这些公然穿着裙装的男子，意味着他们的职业便是溇港的河工疏浚，但凡与溇港联系密切的人在当时都是体面而富有的族群。

毫无疑问，溇港意味着财富，而财富源头可以一直追溯至 4000 年以前。

彼时的太湖未曾建筑大堤，湖区的南部是潮涨潮落的滩涂消落区，湖州的先民们为了开辟这方水土，便率先用上了竹木透水围篱的技术，在太湖边的淤泥地里开挖毗山大沟，这就是"溇港"的构思雏形。

这种围篱技术延续至战国时期，吴国人终于尝试着在湖岸大规模地筑堤开渠排水，灌溉技术的发展使得农业生产展现了勃勃生机。经过 1000 多年的持续建设，公元 11 世纪环太湖已经有大堤的护卫。由此，与太湖相通的溇港体系也基本成型，日趋完善的溇港体系为农业发展提供了有力支撑。

就这样，太湖平原逐渐发展成了中国最重要的水稻蚕桑生产地，"苏湖熟，天下足"的美誉有了坚实的事实依据。

濮溇新貌

16 世纪时，湖州已经打造了大小 73 条溇港，时至今日还完整保留着其中的 42 条通湖的大小溇港。到了元明清时期，太湖平原便成为向王朝贡给稻米最多的地区，从粮食到丝绸，无一不是通过溇港转道大运河，送至京城。依据歌谣中"一字一溇港"所唱，太湖边古镇由西向东追溯，应包括：大钱、拔草里、诸溇、沈溇、安港、罗溇、大溇、新泾港、潘溇、幻溇、西金溇、东金溇、许溇、杨溇、谢溇 15 条溇港暨自然村；织里镇所辖由西向东之义皋、陈溇、濮溇、伍浦、蒋溇、钱溇、新浦、石桥浦、汤溇、宋溇、晟溇、乔溇 12 条溇港；胡溇、薛埠、南丁村、丁家港、戴家浜、吴溇为江苏省七都境内的 6 条溇港。因吴溇在苏州语系中"吴"字读作"红"，所以有"一点红"之说。另外有尚沙港、宿渎、杨渎、泥桥港 4 条溇港，还在高新区之西。故太湖溇港名为 36 条，实为 37 条。

罗溇新貌

纵横交错的溇港，分布聚中有散，须有分工明确的维护修缮流程。清代乾隆年间的碑刻上，留有地方政府制订的溇港工程管理条例。自 10 世纪至今，溇港管理一直都是在政府主导下，施行的都是当地官员与民结合的管理体制，有定期疏浚水道、专人管理水闸的制度。如今太湖溇港的水闸，大多是 20 世纪末 21 世纪初改建的，自动启闭控制系统使管理效率大大提高。

因为一溇一港应运而生的桥桥水水，村村落落之间，便诞生了特有的溇港文化。每个村都有水神庙，定时举行祭祀活动，祈求一年粮食桑蚕的丰收。于是，便形成了特有的、属于水乡的祝福仪式。即便如今求神拜佛已不再形成风气，那些伫立于村镇的庙宇仍是祭祖与乡邻聚会的好去处。

溇港的烙印深刻于水乡人的心间，并将历史痕迹竭力保留到了今天。譬如古代溇港的木质叠梁闸，吴兴织里镇伍浦村的周水林是有一位86岁的老闸工，其家门口的陈溇上依然还保存着一座水闸。依据周水林的回忆，这道闸就宛若伍浦村的守护神，每每太湖水位高涨，闸门便关闭起来保护良田，甚至还能根据水闸的开合程度调整溇港水位高低。在已经有先进大堤坝的今天，这样的古闸自然已经完全被淘汰出局。然而村民们依旧会每年将闸门闸板拿出来，挨到河港之上，合两人之力做一个古闸启闭的仪式，宛若对古人的一次庄重致敬。

"慢 生 活" 天 堂

2016年11月，太湖溇港成功入选世界灌溉工程遗产名录，2017年9月被评为第17批国家级水利风景区，2019年10月又被国务院公布为第八批全国重点文物保护单位。目前，湖州吴兴区（含南太湖新区）境内现有31条溇港，其中21条直接通往太湖，是太湖流域溇港系统唯一完整留存的地区。

对于这样的历史瑰宝来讲，仅仅只给它一份荣誉是不够的，更何况时至今日的溇港，依然与太湖相生相荣，呵护肥育着这片滋润的土地。依溇而建的村庄，夹河为市、沿河聚镇的独特风貌，让整个地域都沉浸在清透之中。这份"清"系溇港水道交织出的精细，而"透"则是水乡特有的明媚柔美，文艺人士追求的所谓的"慢生活"就要在如此的人文环境里才显得理所当然。

太湖溇港世界灌溉工程遗产雕塑

以太湖边的义皋古村为例，途经杨溇、许溇等村落，当一间间民宿入驻其中的时候，便连接成了一条"慢旅行"的溇港文化天然路线。

在这条路线中，"小桥流水人家"已是生活常态，古桥上的每一寸斑驳都凝固了过往岁月，石板路与水岸桥头相映成趣，延伸向不远处的黛瓦白

义皋村

墙。时间仿佛停滞在溇港隔成的一个世界里，教人不由放缓了脚步，坐在桥水映照的日光里，品一品溇港的三道茶。

头一道甜茶又称"镂糍茶"，系糯米饭手工挞制而成；二一道"薰豆茶"，鲜咸可口，回味无穷；末一道"淡水茶"，既是"清茶"，唇齿生甘，香气宜人。这三种滋味，可算是诠释了溇港人文的三重特色——成就"天下粮仓"的富庶之甘、防御水患的厚重之咸，及深水静流的低调之清。

已经过世的水利界泰斗郑肇经教授曾经这样评价溇港圩田——形容其为"古代太湖劳动人民变涂泥为沃土的一项独特创造"。也就是说，溇港真正的金贵之处，在于古人将水与土作了最妙曼的结合和转换，继而打造出了延续千年的丰饶之地。

沧海桑田孕育的宝藏

——桑基鱼塘

◎ 章苒苒

> **题记：** 桑基鱼塘始于春秋战国时期，是种桑养蚕同池塘养鱼相结合的一种传统复合型农业生产模式。纵横交错的水道织成平原水网，洼地被改造成池塘，挖出的泥在水塘的四周堆成高基，基上种桑，塘中养鱼，桑叶用来养蚕，蚕的排泄物用以喂鱼，鱼塘中的淤泥又可用来肥桑，成为一个巧妙的生态循环系统。2018年4月，入选全球重要农业文化遗产。

明代《沈氏农书》中记载，"池蓄鱼，其肥土可上竹地，余可雍桑、鱼，岁终可以易米，蓄羊五六头，以为树桑之本"，可取得"两利俱全，十倍禾稼"的经济效益。这便是湖州府农耕时代最独特的一种水利工程系统——桑基鱼塘。

桑基鱼塘系长三角和珠三角不可复制的农业生产形式，因其生产上形成良性的循环而出名。鉴于水土交融的地方特点，湖州的先人利用太湖潮水的涨落，挖道引流，逐步构筑了原始水利工程——溇港。纵横交错且布局有序的无数水道织成南太湖上的一张水网，这水网连接处的洼地被挖深成了池塘，挖出的泥在水塘的四周堆成高基，基上种桑，塘中养鱼，桑叶用来养蚕，蚕的排泄物用以喂鱼，而鱼塘中的淤泥又可用来肥桑，就这样巧妙地做成了一个生态循环系统。种桑、养蚕、养鱼，从此有了不可分割的联系，也

作者：章苒苒，女，系小说作家、影评人、专栏作家、编剧。

点燃了当地农业发展的勃勃生机。

也就是说，唯有桑蚕业与淡水渔业的繁盛，才是江南水乡人安居乐业的根本。

循 环 往 复 的 智 慧

"桑茂、蚕壮、鱼肥大，塘肥、基好、蚕茧多。"一首渔谚简洁明了地勾勒出了湖州地区生产流程中凝聚的高度智慧和终极理想状态。浙江湖州的和孚镇是中国传统桑基鱼塘系统中最集中、最大、保留最完整的区域，拥有我国历史最悠久的综合生态养殖模式。

桑基鱼塘

彼时的江南田园生活，系针对桑基鱼塘系统的特殊性，根据时节变化统筹安排农事活动。当地村民于正月、二月管理桑树，放养鱼苗；三月、四月为桑树施肥；五月养蚕，六月卖，蚕蛹用来喂鱼；七月、八月鱼塘清淤，用塘泥培固塘基；年底几个月除草喂鱼。这一固定的时间流程到今天仍在遵循，操作亘古不变的结果便是成就了湖州桑基鱼塘系统现有近 6 万亩桑地和

15 万亩鱼塘，是中国桑基鱼塘最集中、最大、保留最完整的区域。被联合国教科文组织评价为："世间少有美景，良性循环典范。"同时，桑基鱼塘作为世界遗产，其遗产地人均桑地和鱼塘面积也达到 0.046 公顷，遗产地养蚕、养鱼、养羊等，人均生产性收入为 13926 元，占遗产区农村居民人均可支配收入的 52.76%，这充分说明系统生产性收入已是区域内农民家庭收入的主要来源之一。

丰足物产之外，这个循环系统同样也促进了通商贸易，以南浔镇的顿塘故道为例，它是"浙江湖州桑基鱼塘系统"中"纵浦横塘系统"水利工程开凿最早的一条横塘，也是京杭大运河浙江段的一条重要支流，有"中国的小莱茵河"之称。2014 年 6 月 22 日，它以"顿塘故道"作为中国大运河支流，一起在卡塔尔多哈的第 38 届世界遗产大会上获准列入世界文化遗产名录。

牵绊地方命运的一缕丝

春秋战国时代，一双木桨划开了姑苏城外波光粼粼的河道，划出了"商圣"范蠡与美女西施的爱情故事，也划出了专属于浙江湖州的风光农耕史。在范蠡自诸暨护送西施到吴国都城姑苏城的这数百里行程中，曾经途经浙江湖州市德清县下属的新市镇，西施为起舞祈福的十二位采桑姑娘送上鲜花，保佑新市风调雨顺、蚕桑丰收。这个传说便是自古以来每年的清明节新市人在江南古刹觉海禅寺举办"蚕花庙会"的因由，更是清丽湖州成为富庶地界的一种象征。唐宋以降，杭嘉湖一带成为全国蚕丝重点产区。大量丝绸经由运河运往北方，有的则经由丝绸之路送到世界各地，有"湖丝遍天下"的美誉。

托了桑基鱼塘的福，湖州人的生活处处离不开蚕丝，从前婚嫁的嫁妆里头必有几床蚕丝和缎面被套方显体面；冬季套上蚕丝棉袄轻薄保暖，放到今天来看更是"奢侈品"一般的存在。

即便桑基鱼塘已成为历史遗地，因它伴生的传统习俗却从未过时。时至今日，每年清明节，蚕农们依旧会背着蚕种、带上蚕花，去到含山的蚕神庙祭拜，向供奉的蚕花娘娘祈求蚕茧丰收。随之而来的，还有一连串寓意吉祥的热闹仪式。"扫蚕花地"歌舞表演，表现蚕农们打扫蚕室、清洁蚕桑用具，准备一年蚕桑生产的情景；"蚕歌"则是一种将种桑养蚕古老经验与文化进

沧海桑田孕育的宝藏——桑基鱼塘

行口口相传的歌谣模式。还有被称为"羊皮戏"的蚕花戏，用兽皮或纸板做成的人物剪影在灯光照射下，表演一出出民间戏剧。

而最美妙的当属"扎蚕花"，那是女性显示心灵手巧的重要时刻，她们用金线、彩绸扎出各色漂亮的蚕花，插戴在自己的头发上和家中的蚕室内，绚丽缤纷的蚕花恰似在向桑基鱼塘这个真正的"蚕神"致敬。

元代著名画家和藏书家程棨随曾祖父程大昌落籍湖州，其创作的《耕织图》彩色绢本，其中的《耕图》与《织图》两卷，各有二十四幅绢，包括浴蚕、下浴、喂蚕、一眠、二眠、三眠、分箔、采桑、大起、捉绩、上蔟、炙箔、下蔟、择茧、窖茧、缫丝、蚕蛾、祀谢、络丝、经、纬、织、攀花、剪帛，精心绘制了养蚕、缫丝、丝织生产的全过程，每幅配有五言律诗一首。《耕织图》是绘画配合诗艺表现形式反映农桑操作过程的一大创举，被称为"中国最早完整记录男耕女织的画卷""世界首部农业科普画册"，是解读中国农业史、纺织史、艺术史的珍贵文献，具有较高的蚕桑丝绸文化研究价值。

桑基鱼塘的风华过往，令当地蚕农们至今保留喝鱼汤、吃鱼饭，种桑养蚕并向蚕神祈福的传统习惯。由此可见，这场蚕花缤纷、鱼跃金池的江南"盛宴"并未散席，而是一代又一代继承了下来。

犹记中国著名电影人张之亮执导的代表作《自梳》，其取景拍摄地便在湖州的荻港与和孚。之所以选在这里，兼因 20 世纪 90 年代中期唯有这两处还保留有原汁原味的桑基鱼塘。于是，该片便打上了鲜明的湖州水乡农业标记，鱼塘与桑地相依共存，妇女们身着无袖布衣，在丝厂内料理蚕茧，晶莹透明的蚕丝便是从那里一绞绞产出，最终成为象征身份与财富的丝衣绸衫。

就这样，桑基鱼塘使得蚕丝制品成为湖州的象征之一，双林产的绫绢工艺复杂、轻薄透润、种类繁多，早在南宋时便远销海外，被誉为"东方丝织工艺之花"。南浔镇辑里的湖丝，原料选的便是最为金贵的"莲心种"，经过分搭丝灶、烧水、煮茧、捞丝头（索绪）、缠丝窠（添绪）、绕丝轴、炭火烘丝（出水干）等一系列复杂的缫丝程序，缫出了既细且匀的湖丝产品，其特点是"富于拉力、丝身柔润、色泽洁白"。1851 年，辑里湖丝以绝对优势在首届伦敦世博会上获得金奖，1911 年在意大利都灵工业展览会上夺冠，1915年又在巴拿马世博会上再获大奖。

这个闪烁着智慧光芒的系统生命力之长久，宛若清亮柔韧的蚕丝，牵动着乃至整个长三角的经济命运和历史走向。

桑基鱼塘

金色"渔脉"的延续

桑基鱼塘的循环架构，让它宛若一个神奇宝库，一年中至少有三季都可以从中取出瑰宝。如果说春季是播种施肥的孕育期，夏季是喂蚕收茧时节，那么秋季则正到了可以饕餮江湖特色河鲜的蟹鱼肥美之时。

溇港布构的水网格局纵横交错，丰富了一方的水产资源。

早在公元前5世纪春秋时期，越国大夫范蠡发明了池塘养鱼的技术，随后开始推广实行池塘人工养鱼。池塘养鱼的好处便是"塘小好变化"，池塘面积小、单产高、外加上生产效益也很稳定，很快便成为是浙江淡水渔业的主要组成部分，也成就了"桑基鱼塘"循环中最水到渠成的一个环节。从唐代开始绍兴盛行池塘养鱼并影响至杭嘉湖地区。至清代，运河水域鱼苗多来自江西九江一带。民国时期，湖州菱湖是淡水养殖种苗集散地，养殖的主要鱼种为青鱼、草鱼、白鲢、花鲢、鳊鱼、鲤鱼这几大类。

要知道，湖州在诸多人眼中是带了许多的"鲜"气的，因为鱼塘养殖的兴盛，淡水鱼虾足以成为"舌尖上的湖州"之象征。白鲢可说是湖州百姓几乎家家饭桌上的家常食材，一道红烧白鲢总能勾动湖州人童年最馋的回忆，外表红油赤亮，筷子轻轻一戳便露出雪白嫩滑的鱼肉，饕餮过程可称得上养眼又养胃。草鱼和青鱼一般用来做熏鱼，湖州话唤作"爆鱼"，将肥厚的鱼肉沿脊骨背开成大片，一块块放进油锅里炸成金黄，既可直接食用，也能用酱油红烧成为饮粥、下饭的最佳佐菜。

湖州人的"吃"与"穿"这两大基本需求，就这样托桑基鱼塘的福得以充分满足，一方经济的腾飞更使得以带动。即便在中华人民共和国成立之前，有些百姓无钱买鱼苗养鱼，也可以在塘内种植生吃脆甜、熟吃香糯的食物水红菱维生。旧时便有这样的说法：是不是湖州人就看会不会吃两样东西——剥壳吃河蟹与剥壳吃菱角。位于太湖之滨的菱湖镇，便是因当年贯穿全镇的河中漂满水红菱，方得此名。1959 年由夏衍编剧、谢添主演、改编自茅盾同名小说的电影《林家铺子》就是在种蚕养鱼双丰收的菱湖镇拍摄。时至今日回溯此片，都能窥见其中不输于威尼斯的秀丽水色。

含山蚕花

中华人民共和国成立之初，池塘大多天然形成，大小不一，深浅悬殊，旱涝不保。20 世纪 70 年代，全省各地普遍进行了"小塘改大塘、浅塘改深塘、死水塘改活水塘、塌塘改好塘"的"四改"，使养鱼池塘环境呈现出水丰、进排水渠系配套、灌排自如、旱涝保收等四大特点。1980 年，国家又安排改造池塘面积 1.5 万亩，范围扩大到湖州地区长兴和嘉兴地区海宁两县。

在桑基鱼塘不断改进的过程中，湖州菱湖镇区的环境优势得以彰显，那里的鱼塘星罗棋布，河港交织如网，池塘养鱼历史悠久，系中国著名的淡水渔区。全区有水田 118500 亩，桑地 54650 亩，鱼塘 36100 亩，是中国江南典型的"鱼米之乡""丝绸之府"。养鱼业发达，鱼池在数千口以上，其养殖鱼之销路以上海为所归之处，其所饲养鱼种之销路，则南达闽粤，北至幽燕。其鱼类产额之估计，则年约 600 万元。吴兴菱湖附近，如六库、严家汇、集港等地，也有鱼池甚多。因此，菱湖成为江浙两省养鱼最繁盛的地方，主要者为南双林、千金、石冢、思溇、重兆、东泊村、袁家汇、下昂、荻港等，那里十户人家至少有八户都在养鱼。居户业养鱼者几达70%，且多以养鱼为主业。因此，每每在菱湖镇区转悠，总能看到星星点点的私人鱼塘多于田，塘周遍植桑树，唯一能与养鱼收入一比高下的，唯有蚕丝业。

杭嘉湖地区是浙江池塘养鱼的基地，也是全国三大池塘养鱼基地之一。养鱼池塘多数与桑地交织一起，形成了"桑基鱼塘"的生态格局，被联合国粮农组织认定为全球最佳的综合生态养鱼区。

很明显，"桑基鱼塘"为湖州的农耕业带来了严格意义上的"双赢"局面，这也是这条金色的"渔脉"能延续至今的主因。

古往今来，"沧海桑田"四个字对于太湖流域的人们来讲，绝非单纯用来形容"时光流逝"，而是桑蚕与稻鱼连接起的千年农桑文明史，而湖州的桑基鱼塘系统更是这部历史的最完美见证。

灌溉文明的活化石
——桔槔井灌

◎ 徐志光

> **题记：** 桔槔井灌工程是利用杠杆原理，在水井旁设置系列 T 字形装置，方便汲水灌溉的水利工程。桔槔井灌在战国时代就有记载，秦汉之际，得到推广普及。诸暨市赵家镇桔槔井灌在唐代由张万和率先使用，其开挖的"芝泉井"从未干涸而且仍在发挥功用，2015 年 10 月入选世界灌溉工程遗产。

在诸暨市赵家镇的泉畈、赵家、花明泉等村的田畈上，田头有古井，古井旁有一种竹木构成的古代农用工具——桔槔，村人挥动桔槔汲取井水，灌溉稻田和果园。看到如此场景，不由暗生疑问：为什么这里会有桔槔？是从什么时候开始的？如今，机电排灌早已普及，为什么这里的人们还在使用这种古老的灌溉方式？

桔槔，融着孝子的"魂"

赵家镇位于诸暨市东北部，会稽山脉西麓，东与柯桥区、嵊州市接壤，距绍兴市和诸暨市中心均为 25 公里。

作者：徐志光，男，系中国民间文艺家协会会员，浙江诸暨市民间文艺家协会"越风文学社"社长。

说起赵家镇的桔槔，不得不说唐代孝子张万和。

据唐诸暨进士王原祁所作的《万和公家传》及《新唐书》《两浙名贤录》等书记载，张万和（657—?），字德明，博学能文，曾考中明经，以父亲年老为由没有赴任。其父张钦若，字奉卿，嵊县人，唐太宗贞观年间进士，官凤翔府尹兼管军将军，赠中奉大夫。

张万和父亲亡故后，葬于诸暨大部乡五十二都，即今赵家镇庐墓村孝感山，张万和与弟张万程负土成坟，结庐守墓，昼夜悲泣。

张万和居住在墓旁的小屋里，要生活，水是不能缺少的。这里是会稽山丘陵区走马岗主峰下的小盆地，地势平缓，所在地层由上至下依次为粗砂、中砂、细砂。沙性土壤，保水能力差。但由于周围都是高山，地下水资源十分丰富，素有"水至此多伏流，随地掘洼，即得泉源"之说。张万和在山脚处选了一处平地，没挖多深就冒出了清泉，十分甘甜。取之不竭的井水，要靠汲才能提上来，张万和想起了古人发明的桔槔这一汲水工具。

战国中期，道家学派代表人物庄子已经有了关于桔槔的记述，"凿木为机，后重前轻，挈水若抽，数如泆汤，其名为槔"，称"有械于此，一日浸百畦，用力甚寡而见功多"。秦汉之际，桔槔和井灌随着农业发展很快遍及中国广大农村。

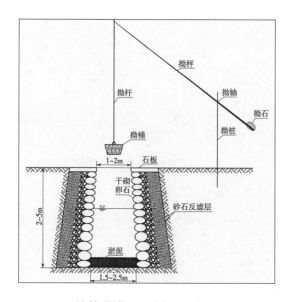

桔槔井灌工程剖面示意图

《天工开物》所载桔槔图

张万和按古书上的说明和图示，亲手做了一架桔槔。从此以后，井水能方便地提拉上来，除了饮用，还能用来灌溉种植的农作物。奇怪的是，水井挖成

灌溉文明的活化石——桔槔井灌

后不久，父亲的坟上长出了两株灵芝。甘泉出，灵芝生，风水宝地也。神龙年间，朝廷下诏举孝廉之士，张万和又推辞不就，终身守墓达二十余年，卒后葬于父墓侧。儿子张孝祥、小孙子张鸿仪相继接班守墓，祖孙三代均是孝子，获朝廷旌表"一门三孝"。宋朝兰溪进士金履祥有词赞曰："君不见诸暨孝子张万和，一世、二世、三世，孝孝相继，醴泉复出复，灵芝丽复丽……"

如今，张万和所挖的水井还在，叫芝泉井，清澈见底。哪怕附近的山塘见底，溪水断流，芝泉井也从来没有干涸过。井旁建有芝泉亭，亭西侧就是庐墓自然村，村子不大，九成以上村民姓张，为张万和的后代。

桔槔，彰显着村人的"硬气"

桔槔，现叫作桔槔井灌工程，由两部分组成：拦河堰，增加区域地下水补给量；田间桔槔井灌系统，包括水井、桔槔与灌排渠等。在赵家镇，桔槔井灌工程主要分布在泉畈、赵家、花明泉等村，村人由何姓、赵姓两大家族构成。根据族谱记载，何、赵两姓的祖先是 12 世纪时来自中原的移民。

桔槔古井

赵家镇，原名叫檀溪乡，一条黄檀溪贯穿全境。溪的上游，林木森森，怪石嶙峋，水流湍急。中游浅清，溪水出山口后，流速平缓，河滩宽阔，其两岸为河流泥沙冲刷沉积而成的河谷平原，土层覆盖较薄，薄土下面是河沙及大小不等的鹅卵石。面对如此的自然环境，先民们凭着自己的智慧，以及一种与生俱来的骨气、底气和硬气，在河边定居了下来，并一步步地实施"井灌工程"。

首先，根据黄檀溪的河床落差，筑起一道道的堰坝，以此来提高地下水的水位。接着，像愚公移山一样，用锄头、畚箕、肩膀，围起田埂，挖起表面的薄土，平整好田块后，再将薄土均匀地覆盖在上面。有时，需拿着竹筛、铁锹到山坳里寻找黑土，筛去夹杂着的石块及柴棒等，再将黑土一担担挑回来，增加土壤肥力。

造田难，开挖水井更难，它既是力气活，更是一项技术活。水井一般选在田角或离田块不远处，深二至五米，呈上窄下宽的梯形状，井口直径一至二米，形状各异，有圆有方，有八角也有六角。由于下面全是砂石，很容易坍塌，所以井壁由大块卵石干砌而成，个别砂性较重的田里，底部需用松木支撑，井壁外周填铺碎砂石，以保证地下水的流通。

拦河、造田、打井，每一步都要付出气力和精力，不知要挖脱多少把锄头，挑断多少根扁担，磨去肩上多少层皮，从中可以看到人们吃苦耐劳，坚韧不拔的"执拗"性格。盆地砂土，如沙漠差不多，白天把水浇灌上去，经一夜的渗漏，到第二天滴水全无。因此，在诸暨的老一辈人口中流传着一首歌谣："何赵泉畈人，硬头别项颈。丘田一口井，日日三百桶，夜夜归原洞。"这歌谣，用调侃的口气，说出了村人的辛劳，也是桔槔井灌工程的真实写照。

安装桔槔是工程的最后一道工序，相对于前面的几个步骤，这一步就容易得多了。

所谓桔槔，就是在水井旁高耸着的一种竹木构成的打水工具，当地人简称为"拗"，由拗桩、拗秤、拗竿和配重石组成。拗桩，一根长约四米，直径超过十厘米的松木；拗秤，多用长约六米多的大毛竹，它的一端绑缚拗石，另一端连接拗竿；拗竿，用细毛竹制成，长约五米，下端悬挂水桶，即拗桶。

作业时，井口上横搁竹跳板或木板，人站在其上，向下拉动拗杆将拗桶沉入井水中，拗桶满了，借助拗秤的杠杆作用往上提，顺势一倒，井水则通过简易渠道流淌到所需的稻田中。拗水不但需要体力，还要有强劲的臂力及脚劲，每天上千次的拗桶升降，一般劳力是吃不消的。所以，有的在拗石后面套一根拗绳，人们称为拗水尾巴。拗桶提升时，儿童及妇女在后面拉拗绳，以此来减轻拗水者的体力及臂力消耗。

桔槔装置，最显眼的是拗桩，它像一位顶天立地的汉子，双手托着拗秤，承受着水桶和石块的压力，拗秤俯仰，它却一身正气，傲然挺立。这种"拗桩精神"默默地影响着何、赵两姓族人，太平天国将领何文庆、北大校长何燮侯、武术界泰斗何长海、著名的无产阶级革命家汪寿华等，都是这一带的人，无一不是铮铮硬汉。

桔槔，寄托着浓浓的邻里乡情

赵家镇的井灌工程及设施由村民自行修建、维护和使用，与稻田一样，桔槔拗井也是家产的一部分。

一般来说，每口拗井归一户农家所有，也有少数拗井由几户人家共同所有和使用。村人和蔼，若一口井由多户共有，遇到需要灌溉时，特别是高温旱天，从来没有发生过争抢桔槔的事件，往往是几家协商一下，约定时间，轮流提水，保证每户的农田都能有水灌溉，这叫作"轮时井"。当桔槔需要修理时，谁也不会推来推去，而是主动维修或更换构件，让下一户顺利使用。

平时，如果某户人家的男丁因伤病不能劳作，村人走过他家的田头，会自觉地挥动桔槔打起水来，从不需要什么酬谢。

位置临近的两口拗井称作"串过井"，由于两井壁间隔很近，渗流漏斗也大体重合，从其中一口井提水灌溉，会对另一口井的水位和水量有直接影响。需用水时，串过井分属的两户总是"有话好商量"，你上午，他下午，错开提水时间，避免抢水，保证每户灌溉时井水的充盈，提高提水作业效率。

拗井旁，搭着瓜架竹棚，也有大树可遮阴，这是先人种下的，有的还建有简易小屋，以供避雨、休憩和存放农具，称作"雨厂"。提水劳作一场后，人们相约来到瓜棚里、大树下、小屋内，三五成群，谈天气晴雨、谈水稻长势、谈乡间趣闻，人声朗朗，笑声满田畈。有家人送来了小点心，如果是麦糕米饼，则撕开来大伙儿人手一小块，尝一尝味道。如果是米酒炒黄豆，酒大家喝，炒黄豆每人捞上一小撮。

在竖满一架架桔槔的田野上，暖风吹拂，稻苗泛绿波。乡邻之情像酒，醇香阵阵，芳气盈盈。乡邻之情像抝井水，源源不断。

桔槔，洋溢着浓郁的农耕文明气息

桔槔井灌，为当地移民安居、人口增长、经济文化发展发挥了基础支撑作用，碑石、史书文选上多有记载。

古井桔槔

赵家村赵氏宗祠内保存着一块"兰台古社碑"，此碑刻于嘉庆十四年（1809 年），记载当时赵家一带"阡陌纵横，履畉皆黎，有井，岁大旱，里独丰谷，则水利之奇也"。《赵氏宗谱》中载有《永康堰禁议》一篇，此篇写于道光二十年（1840 年），称"天旱水枯，家家汲井以溉稻田。旱久则井亦枯，必俟堰水周流，井方有水。以地皆沙土，上下相通，理势固然"。而在另一篇《谱外杂记》中记载，相传永康堰为康熙时（1662—1722 年）所建，"传说村前大坂地盘高耸，田水苦无灌注，康熙间开通水路，自檀墺村南起，延亘五六里至磨山脚，筑成一堰，名曰永康堰"。

20 世纪 30 年代以前，这里共有古井八千多口，可谓星罗棋布。泉畈村，泉上有畈，畈下有泉，是井灌留存最多的村落，隐藏着上千口古井，大都分布在村中近两千亩的古田畈中，构成了一个古井世界。村中的耄耋老人，还记得当时的拗水场景：上千具拗桩挺立，拗水者唱着山歌，喊着号子，伴随着拗秤与拗竿上下升降时发出的"吱呀"声，拗桶舀水时的"咣当"声，倒水时的"哗啦"声，人声水声机具声，汇合成特有的"农耕交响曲"。

劳作者汗流浃背，望着井水滋润的稻禾，脸庞上挂着幸福、满足的笑容，眼神里透露着对丰收的憧憬。

千百年来，人们对拗井怀有朴素的情感，他们用毛笔在农具上书写"既经营于桔槔，受沛泽于甘霖"，表达对这种古老遗产的珍视和对历史文化的传承之心。拗井还被编入当地戏曲中，成为赵家镇独具特色的文化符号。越剧传统剧目《九斤姑娘》中有一段唱词："（张箍桶唱：）第九只桶名真难懂，一根尾巴通天空，一根横档在当中，上头一记松，下面扑隆咚，拎拎起来满腾腾，问你阿女叫啥个桶？（九斤唱：）这只桶名也不难懂，名堂就叫吊水桶。"

桔槔井灌与百姓生活息息相关，它记录了村人的农耕活动，具有强烈的感染力，承载着厚重和独特历史文化，随着时代的变迁，这种文化虽有所变异，却也得到传承和发扬。

拗井之间水路相通，水路好像是长藤，拗井好像是瓜，人们从中得到启示。中华人民共和国成立后，当时的檀溪乡在兴建小型水库和山塘的基础上，开挖东、西两渠，将多个小型水库和山塘贯连起来，形成"长藤结瓜"式水库群。非灌溉季节可以把河水、多余的渠水，以及沿渠的坡面径流等，利用渠道引至水库或山塘存蓄起来；到灌溉季节，尤其是用水紧张时，又可同时灌田、供水。这种"长藤结瓜"模式，为当地的农业发展提供了有力保障。

桔槔，有着挥之不去的情结

物换星移，随着农业机械化的普及，人们从繁重的体力劳动中解放了出来，然而在泉畈村，桔槔井灌工程仍在发挥其灌溉、饮用功能，至今保存完好的古井有 118 口，灌溉面积 400 多亩，堪称灌溉文明的"活化石"。农田除粮食种植外，有的改种价值较高的水果、蔬菜等经济作物。使用桔槔灌溉，除了成本低、操作方便等因素外，代代流传下来的"桔槔情结"也起着主要作用。

有村民说："拗井的水来自地底深处，经沙层过滤后自然清纯，水泵抽吸，快速运转的机械把水打'晕'了，失去原有的'天性'，如果用桔槔灌溉，水没受一点儿的'损伤'，种出来的稻米特别香，樱桃也特别甜。"话语之中，尽显对传统作业方法的偏爱，表达了对桔槔灌溉的深厚感情。

还有村民说："水泵、电缆线，需要资金的投入，虽说省了力气，但灌溉快渗透也快，是'跑马水'，水稻得不到充分的吸收。用拗桶打水，一桶一桶，慢慢流入水稻根部，像吃饭一样细嚼慢咽，这才有营养呢。"

桔槔文化园

又有村民说："这拗井，我爷爷的爷爷那时候已经在的，不知养育了多少人，是传家宝啊，怎么能随便废弃？"

平时，更多的是人们对拗井的呵护，及时清除井口周围的杂草，井边安装栅栏，不向井里抛扔杂物，保持古井的洁净。

2015年10月12日，国际灌排委员会（ICID）在法国蒙彼利埃召开年度会议，诸暨市赵家镇古井桔槔灌溉工程在会上经过层层筛评，最终脱颖而出，成功入选世界灌溉工程遗产。

申遗成功，当地抓住这一有利时机，加大宣传力度。村口农家的白墙壁上，是一幅幅桔槔井灌的画面，直观地描绘出古人拦河、造田、挖井、汲水的各个场景。桔槔春秋，源远流长，常有老人指着画图，向孩子们讲解过去的汲水故事。孝子张万和的芝泉亭中，原刻有"唐张孝子庐墓处"的碑石，"文革"中换刻成"永垂不朽"的烈士碑。前些年，经"张氏孝文化研究会"热心族人的奔波，将烈士碑移往他处，为芝泉张孝子正名，了却张氏后裔的一大心愿。

随着乡村旅游的持续火爆，当地采取措施，要求村民恢复原有的生产方式，展现村庄桔槔古井的风貌，以吸引更多的游客。泉畈村有6个自然村，3300多人，村民们种植了200多亩樱桃，开了多家"农家乐"。樱桃成熟季节和节假日，游客们走进"桔槔井灌核心区"，动手拉拗竿，拉拗水尾巴，用"杠杆原理"打水，井水灌溉稻田，洗手洗脸，或灌入可乐瓶、塑料壶中带回家中。经检测，井水的水质达到二类水的标准。古老的桔槔，给人们带来了劳动的乐趣，也给"农家乐"带来了生意的红火。

赵家镇是诸暨香榧的主产地。2013年，"千年香榧林"被列为世界农业文化遗产。当地政府着力做好"千年古树、千口古井、千年古村"三篇文章，其中以泉畈村为中心，建设桔槔文化园，园内划分为古井桔槔体验区、农耕体验区、山水田园度假区和延伸保护区，打造桔槔博物馆、东塘春晓、冬雪映梅、古永康堰等景观节点，留住乡愁，唤醒曾经的田园记忆。

通济济桑梓，古堰话春秋

——通济堰

◎ 鲁晓敏

> **题记：** 通济堰位于浙江省丽水市莲都区碧湖镇堰头村边，是呈竹枝状分布的综合水利灌溉系统，由拱形大坝、通济闸、石函、叶穴、渠道、概闸及湖塘等组成。始建于南朝萧梁天监四年（505年），是浙江最古老的大型水利工程之一，是第五批全国重点文物保护单位，2014年9月入选首批世界灌溉工程遗产。

通济堰，绘就了锦绣图腾

走进堰头村，迎面而来的是一条扭动的水渠，清清亮亮的水流映照着古老的村落。千年古樟群顺着渠道两侧错落排开，如同竖起一道庞大的墙体，遮挡了天地，也将盛夏屏蔽在外，整座村落荡漾着习习凉风。

仔细一听，一阵阵訇訇的响声由樟林外远远近近地传来，在村落上空回旋。沿着古驿道前行，樟林穷尽处，宽阔的松阴溪水在眼界之间突然降临，平整的溪流流经村头时仿佛受到某种神力的阻挡，轰然间，断裂成高低两截平面。及近而看，一道堰坝隐没在水下，隐约显现出一条弧形的脊背，阻击着前呼后拥而来的滚滚波涛，一股股激流飞涌喷泻，整片区域笼罩在蒸腾的

作者：鲁晓敏，男，系中国作家协会会员，浙江省散文学会副会长，《中国国家地理》杂志特约撰稿人。

水汽中。这道黑漆漆的脊梁，就是始建于南朝的通济堰。它在水中矜持地蛰伏着，外表质朴，甚至有些笨拙，甚至可以让人忽略它的存在。

丽水通济堰全景

南朝以前的碧湖盆地，松阴溪在雨季时经常泛滥成灾，吞噬成片的庄稼和耕地。大旱时，松阴溪水又白白地流失，大量农作物枯死造成绝收。灾荒年景，碧湖盆地的百姓叫苦不迭。于是，坚守故土的先人们奔走呼吁，请求官府在松阴溪上修筑围堰，沿着碧湖盆地开挖堰渠灌溉农田，利用堰渠湖塘分流洪水，一劳永逸地解决了困扰千年的难题。

南朝萧梁天监四年（505 年），在詹姓和南姓两位司马的率领下，历史上第一次大规模修建通济堰的工程拉开了序幕。历经千辛万苦，一道外表呈弧形的拱形大坝兀立在水中，远远望去，如同一条轻巧的抛物线落在了松阴溪上。虽然只是简单地将坝体折成弓背，但它恰恰是先人智慧和毅力的杰作。两位没有留下名字的司马没有想到，他们正在创造着一项世界纪录，他们一手缔造了世界上最早的拱形大坝。今天，我们所知国外最早的拱坝是西班牙人建于 16 世纪的爱尔其拱坝，另一处是意大利人建于 1612 年的邦达尔多拱坝，通济堰拱坝比爱尔其拱坝和邦达尔多拱坝的历史足足早出千年！

弯曲是通济堰以刚克柔的最大法宝，拱坝的科学设计减弱了水流对堰坝单位宽度的冲击力，从而使其具有较强的抗洪峰能力。其实，它并非只是简单地弯曲，而是由一道道半圆形的小拱坝连接成了一道彩虹一样的大拱坝，拱坝圆顶朝着来水方向，使汹涌的溪水沿拱坝圆心方向泄流，有效地减轻了对堰坝护坡、溪岸的冲击。水的神力和人的伟力在这里交锋，一静一动，一收一放，一攻一守，一刚一柔，如同两个武林高手在拆解招数，两股力量由对抗变成化解，由化解变成了利用，由利用变成了融合，由融合变成了依附。

南宋绍兴八年（1138年），丽水县（今莲都区）县丞赵学老绘制了一张《通济堰图》，这是一张最古老的碧湖地图。摊开拓本，我清晰地看到碧湖盆地形同一只巨大的容器，通济堰如同容器的入口。水在这里从天然走向规则，从肆虐走向秩序，汩汩注入碧湖盆地，流淌过一垄垄田亩，一座座村落，一户户人家。这些昼夜不舍的水流，被先民收服，一千多年来它尘俗不惊，默默地滋养着这片的土地。

通济堰是一个以引灌为主、蓄泄兼备的水利工程，由长275米、宽25米、高2.5米的拱形拦水大坝以及进水闸、石函、淘沙门、渠道、大小概闸、湖塘等组成。通济堰布局成竹枝状灌溉网，22.5公里的干渠上分凿出48条支渠、321条毛渠，通过干、支、斗、农、毛五级渠道、大小概闸调节分流及利用众多湖塘水泊储水，形成以引灌为主，储、泄兼顾的竹枝状水系网。通济堰拦水坝选址在碧湖盆地海拔最高处的堰头村，利用地势落差将水流引到碧湖盆地的腹地，基本实现了自流灌溉。通济堰每天能从松阴溪拦截来自松阳、遂昌两县大约20万立方米的地表水，渠水有条不紊地滋润着整个碧湖盆地中部、南部3万余亩良田。

先人熟稔了松阴溪的脾性，他们随波逐流，将桀骜不驯的松阴溪收服得顺顺当当，当年旱涝无常一去不复返，人口聚集而来，人丁逐渐兴旺，谷物丰茂，万物竞生，出现了年复一年的丰收盛景，堰头、保定、周巷、新溪、碧湖、章塘、莆塘……一座座村落如花朵般次第绽放，通济堰绘制出了一张锦绣的农耕图腾。碧湖盆地成为了瓯江上游最重要的产粮区之一。

清代，"郡赋计米三千五百石，丽水占了二千五百石，以食堰利"。这里的郡，指的是今天的地级市丽水，而这里的丽水，则是今天的莲都区。由此说明，通济堰一手缔造了一处殷实的大粮仓。

从南朝直至今天，一次次地修堰，一次次地疏浚，通济堰让那么多的人千古流芳：詹南二司马、关景晖、王褆、范成大、张澈、何澹、斡罗蒽、卞王宣、梁顺大、吴仲、熊子臣、樊良枢、王亨咸、刘廷玑、清安、萧文昭等等。特别是南宋的何澹，现在仍保留完好的通济堰石砌拱坝是由他主持重修的。大坝采用千株大松木嵌入河床作为坝基（松木浸泡在水底不会腐烂，有"千年不烂水底松"之说），在松木坝基上累石，又将炼出的铁水浇铸在块石预留的阴榫内，使得石头环环相扣，块石像铆钉一般钉在河床中，半里宽的石坝形成一方坚固的整体。从拼接到铆接，再到"焊接"，坝体实现了"强身健体"。这两项飞跃性的技术应用，是大坝坚不可摧的最重要原因。

千年修堰的脚步没有停歇，他们以百姓苍生为己念，为官一任，造福一方，他们的名字镌刻在堰头村的龙庙中，享受着后人的膜拜。在这些父母官的周围，一定还会有更多的治理水利的专家存在，他们韬略过人，兢兢业业，精心辅佐上司，历史照样没有留下他们的名字。还有更多的芸芸众生，他们锲而不舍，前赴后继，无私奉献，展现出了他们的智慧和百折不挠的勇气，将战天斗地的精神与通济堰纽系在一起，他们仿佛大坝上的基石，一块一块用铁水铆接在一起，手手相牵地拱卫大坝，他们将自己的悲壮艰辛和信念立命在修堰史上，筑起了另一座气势更为恢弘的通济堰。

通济堰詹南二司马雕塑

千年尘嚣渐渐散去，时光似流水从指尖悄然划过，当年那嘹亮的修堰号子声早已沉寂，通济堰在滔滔的溪流中依旧保持着坚挺的姿势。通济堰的多项工程，不管是筑坝、挖渠、掘塘，都是起到汇水聚流的作用，而有一项创举则是将汇聚的水流解开。

石函，解开水流的"死结"

北宋政和初年（1111年），丽水县迎来了新的父母官——扬州人王襃。

一次，王禔到堰头村体察民情，百姓纷纷反映饱受泉坑的祸害。原来，通济渠与一条叫泉坑的山溪相遇于堰头村口，形成了十字交叉，而后各自奔向前方。由于泉坑河床高，通济渠河道低，暴涨暴落的季节性山溪裹挟着大量的泥沙淤积在位置较低的渠道上，造成渠道堵塞。"岁率一再开导，执畚锸者动万数"，不仅堰头村民叫苦连天，沿渠乡民年年为清淤而深受其累。

王禔决心为百姓去其害，便张榜重金征求治理淤塞的金点子。过了不久，丽水县学助教叶秉心揭榜，他提着一桶水和一只如匣子状的木头模型来到县衙大堂。这只模型由上下两个"凵"形的水槽交叉重叠组成，水槽中间是空心的，两侧有护栏，上面的水槽呈南北方向，下面的水槽呈东西方向。正在王禔疑惑之际，只见叶秉心同时舀

通济堰石函

起两勺水，分别倒入上下水槽中，一高一低两股水流沿着各自的方向流走。如果依照此法改造，水流迎面交叉改为上下交叉，由纠缠变为互不干涉。王禔禁不住为这一奇思妙构大声击节叫好！

王禔与叶秉心反复商讨，修正和完善方案。接下来，王禔组织沿渠百姓捐钱捐物，出工出力，请来了当地有名的工匠开始施工，聘请叶秉心为技术指导，他亲自在工地监督。王禔得悉离堰50里外的桃源山石质坚硬，便随同民夫前往采运。很快，一座以石板为主、木板为辅、一个上方和两端不封口的十字交叉水槽诞生了，总长18米有余，净跨10米多。由于外形像匣子，也就是函，百姓将用石板和石块垒砌的函称之为石函。泉坑水沿着石函上层的水槽汇入松阴溪，通济渠水顺着石函中水槽流向下游。"溪水不犯渠水"，避免了泥沙的堵塞，将原来的死结打成了活结，使得堰渠水流畅通无阻。渠道当中立着两座支撑石函顶部水槽的桥墩，从外部看去，犹如三个洞，民间又有"三洞桥"的称呼。再后来，石函东西两侧各建起一座石桥，形成了立体交叉的"水上立交桥"——上层通行人，中层导流溪水，下层引流渠水，互不干涉，却密不可分。

一次革命性的发明，来源于一次看似简单的创新，如同一个妙手回春的

神医治愈了顽疾，排淤清沙工作从经年累月到五十年一次，大大减轻了百姓负担。困扰数百年的难题就此破解！善于纳谏的王禔和智者叶秉心联手为通济堰摘下了一项桂冠——世界上最古老的"水上立交桥"。

石函建成后，王禔又在二里开外修建了一座调节水量的闸门，也就是斗门。平时，斗门敞开，水流入渠。一旦洪水来袭或暴雨成灾，便关闭斗门，阻挡砂石冲入渠道。有了斗门的守护，干渠再不壅塞。

堰规，水资源管理的范本

中国的古堰不少，能够存活到今天的并不多，通济堰千年之后依旧芳华永驻，离不开科学的管理制度。至今，在龙庙中依然立着多方镌刻着堰规的石碑，虽然年代、字数、长度不一，但在文字中多有重叠部分，比如如何管理、如何分工、如何监管、如何惩处违规者等等，这些规矩的源头来自一块高165厘米、宽86厘米、字迹已经模糊不清的南宋碑刻。

南宋乾道三年（1167年），41岁的南宋著名诗人范成大出任处州（今丽水市）知州。第二年，范成大到任，见通济堰"往迹芜废，中、下源尤甚"。第三年，他主持了整修通济堰的大业，诗人的角色转换成水利专家，带领民夫垒石筑防、浚淤通塞，并设置水闸49处，历时3个月完工。范成大重修通济堰后，有一个问题始终困扰着他，为什么通济渠反复修反复淤塞，除了天灾之外，有没有人为的因素？

《通济堰规》碑文

经过实地调查研究，多方征求意见，一个一致性的建议就是必须建立科学完善的管理制度！在依规治堰的保障下，人人都自觉遵守，一渠之水才能融通调剂，才能畅通无阻地到达目的地，才能达到利民通博、济世千秋的大目标。于是，深思熟虑之后，范成大提笔，一字一句地写下了20条堰规。他对通济堰的管理机构设置、用水分配制度、经费来源及开支、如何平衡各方的权益、处理手段、甚至细到入山砍篾时几点上工、几点收工等均作了详尽细致、公正可行的规定。

范成大命人勒石刻碑，立于堰坝之首。时人

评价：碑文言简意赅，书法直逼宋四大书法家之中的苏轼、黄庭坚。范成大撰写的碑文字迹虽隽秀，内容却没有一丝文人的矫情，写的朴实无华，井井有条，非常接地气，让老百姓看得懂。14行跋语，范成大梳理了通济堰的历史与作用、此次重修的艰巨过程、制定堰规的目的，言之凿凿地劝说百姓要真心爱护这条赖以生存的堰坝。即使今天读来，我们依旧可以真切地感受到范知州扑面而来的真情切意。

据考证，这块其貌不扬的《通济堰碑》是一部世界最早使用的古代农田水利法规之一，也是世界上现存最早的堰渠法规碑刻实物。《括苍金石志》称："范公条规，百世遵守可也。"这块碑的拓片发散到了处州各条堰坝，成为处州堰规的蓝本。一条条堰规或刻划在石碑上，或抄录在族谱上，或誊写在县志上，那些竖平横直的汉字汇合成一条看不到的水流，淌进了百姓的心里。他们严格地遵守堰规，像爱护自家财物一样爱护通济堰，确保了灌溉体系的完好如初。

守堰人，守住了千年规矩

管理机构是堰规的核心，由堰首、监当、甲头、堰匠、堰司等组成，其

通济堰古樟树

中堰首的位置是核心中的核心。堰首是通济堰的总管，由百姓推选地方上有名望、有品行、有能力、且有经济实力的人担任，任期两年。堰首的职责相当于指挥官，带领大家解决堰坝出现的问题，处理险情，组织救灾、防洪、冬季岁修、清淤、调节争水纠纷等等。

事实上，从通济堰诞生的那一天起，堰首制度就存在了。中华人民共和国成立后，堰首的身份发生了改变，既是堰首又是水利管理员。1953 年，堰头村人诸葛金文从父亲手里接过了堰首一职，一干就到八十多岁。他一边务农一边兼职管理通济堰，每个月从碧湖镇政府领取 90 元补助。他的责任并不比古时候的堰首轻，要巡视堰渠、清淤、护树、开关水闸等等。尤其是今天，通济堰列入国保单位、入选世界灌溉工程遗产，守护起来要倍加小心翼翼。

多年前，我曾经采访过诸葛金文，八十多岁的老先生说话响亮，中气十足，一提起眼前的通济堰就打开了话匣子："只要听到水声，就知道这水的大小，就知道是否要开水闸还是关水闸。每一次洪水来时，我就担心大坝会不会被冲毁，还好这样的事情一次也没有发生。"

他把我领到通济堰的斗门，也就是现在的进水闸，据他述说："闸门有两孔，每孔约 3 米宽，闸板很重，完全依靠人力起吊。"他一边说一边摊开双手，"你看我这双手，在常年的劳作中都变了形"。"1989 年，闸门改为半机械化，后来就是电动了，只要按一下开关就行了"。

2018 年冬天，当我再去寻访诸葛金文老人时，很遗憾，老人在 91 岁高寿时去世，接待我的是 55 岁的诸葛长友，他接过了父亲的班，继续守护着通济堰。与父亲的侃侃而谈截然不同，诸葛长友沉默寡言，并不太知晓往事，对水文知识也了解不多，只是一再强调从爷爷到

通济古堰润泽至今

父亲再到他，已经三代守堰。

其实，这也不怪他，时代悄然发生了巨变：轻巧的电动阀门替换了繁重的手动闸门，操作繁琐的人工作业已经远去；机械采石、电动抽水、挖掘机挖泥、工程车运输、钢筋水泥浇筑等协同作业已经将人力的作用消解到最低，以前人海作战方式已经一去不复返；水利局、建设局、气象局、乡镇等机构接管了大坝和渠道的日常维护和整修，自古以来依靠宗族、村落自发形成的社会组织已经解体；气象、水文的准确预报成了千里眼和顺风耳，经年积累起来的水情掌故已经派不上用场。

现在，诸葛长友的工作仅限于开闸、关闸以及日常巡视，他自然无法像先辈们一样对通济堰的各处经络穴脉一清二楚。老一代的堰首们常年与堰相伴，他们与堰有着深厚的情感，闭着眼睛也摸得出每一处关节，摸透了它的脾性。从某种程度上而言，通济堰如同自家的孩子一样，对他的喜怒哀乐全都了如指掌，自然可以滔滔不绝地讲述通济堰的故事，其实他们讲的是自己的故事。诸葛金文们守望的是一种精神，诸葛长友守护的只是一座建筑，这就是他们之间的差距，这是时代的使然。

"你觉得守堰最难的是什么？"面对我的发问，诸葛长友几乎脱口而出："总有些人不守规矩。"这句话，当年诸葛金文老人也曾说过，父子俩遇到了同样的坎——总会发生损坏堰产、私自开关闸门、往渠里倾倒杂物等坏规矩的行径。850年前，20条堰规的横空出世，一直延续至今，时代在变，人心在变，但那铁板钉钉的规矩没有变，人人都要守规矩，这条堰的力量才会延续。

我再一次想到了范成大的高瞻远瞩。

樟溪流淌话遗产
——它山堰

◎ 周东旭

> **题记**：它山堰位于浙江省宁波市西南海曙区鄞江镇它山旁，樟溪出口处，是在甬江支流鄞江上修建的阻咸蓄淡引水灌溉枢纽工程。始建于唐代，是全国重点文物保护单位，2015 年 10 月入选世界灌溉工程遗产。

没有它山堰，就没有唐代三江口的明州城

2015 年 10 月，在法国蒙彼利埃召开的国际灌排委员会第 66 届国际执行理事会全体会议上，千年它山堰入选世界灌溉工程遗产。

它山堰，看起来其实很不起眼，但可以说，没有它山堰就没有三江口的唐代明州城。

水是生命之源，引水、排涝、灌溉、航运，几乎每一天都离不开。说通俗一些，河埠头，捣衣声，夜航船，桨声欸乃，"摇啊摇，摇到外婆桥"，亲情所系，乡愁所系。

唐代长庆元年（821 年），这一年对于宁波来说是一个特殊的年份，当时的行政长官一把手刺史韩察把州治迁到三江口，修建了子城。这在宁波建城

作者：周东旭，男，就职于浙江省宁波市文化旅游研究院，系中国民间文艺家协会、浙江省戏剧家协会会员，宁波文化研究会理事。

它山堰全景

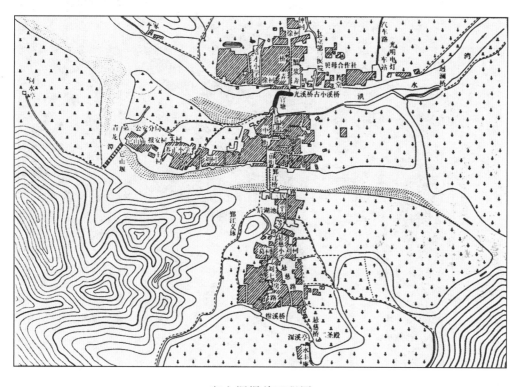

它山堰渠首工程图

史上意义独特。或是因为迁州治的影响，三江口的人口大增，自然引水入城，成了迫不及待的问题。而且涨潮时，咸潮可以上溯至平水潭（鄞江镇以上 3 公里左右）。引水、阻咸、溢洪，这是一个大问题。

十二年后，唐大和七年（833 年），王元暐做了鄞县令，首要任务便是做樟溪引水工程。

设想是这样的，在樟溪的入江的山口建筑一道拦水坝，然后开挖一条新的引水渠把淡水引入南塘河，使得平时的樟溪水三分入江，七分入河，等到洪水期到来时，则七分入江，三分入河。

说起来好像很简单，但在哪儿选址，如何筑堰，水利科学家们会抽丝剥茧一样去分析，各种巧妙之处。当然笔者不是这方面的专家，只能知其然，不知其所以然了。而民间流传着许多"十兄弟""打血桩"等传说，想来，在一千多年前的筑堰工程是异常艰难的。毕竟一块三公尺长的梅园石，即使抬，也要七八个人的。

《四明续志》中说："唐太和七年邑令王侯元暐相地之宜，以此为水道襟

宁波它山堰则水尺

喉之地，规而作堰，截断潮汐，导大溪之流，自堰之上，北入于溪百余丈，折而东之，经新安、许家，会普宁寺前小溪唐家堰、新堰面，此前港也。自普宁寺东分流，北入惠明桥，经仲夏，此后港也。"

普宁寺，也是一个非常古老的寺院，庆历七年（1047年），新上任鄞县令的王安石在考察它山堰后，就在普宁寺吃斋饭。

现存的它山堰堰体长113.6米，其中溢流段107米，面宽3.3米，砌筑所用长3～3.3米、阔0.5～1.4米，厚0.2～0.35米的条石152块。堰顶高程3.36米。是否唐代的堰就是现在的这个样子，则不可知了。

它山堰的边上，就是它山遗德庙，庙中供奉的就是王县令，两边是"十兄弟"，有胖的，有瘦的，有和尚，也有工匠。这或是雕神像的发挥构思的时候。

鄞江镇每年举行三次庙会，三月三、六月六、十月十，以十月十最为热闹，每每在十月十，在这四明锁钥的鄞江镇，比过年还要热闹。四乡八里的人都赶来看庙会。山货、药材、吃的、日用器用、水果、山珍海味，应有尽有。

大动脉南塘河的千年传奇

洪水湾以下始称南塘河。自它山堰引河口至洪水湾段称光溪（《鄞县通志》谓南塘河始于光溪桥），流经鄞江、洞桥、栎社、石碶、段塘等乡镇后自南水门入市区。全长24.5公里，均宽33.1米，均深1.84米，河面积810平方公里。南塘河临近奉化江，一河一江几乎平行而走，局部地段只有丘壑之隔，沿途设置较多碶闸，是引樟溪之水入鄞西河网和行洪、排涝、灌溉、航运的骨干河道，沿河村镇多，又是历史上引水入甬城的主要河渠之一。

据《鄞县通志》载，经过湾渡桥碶堰坝闸塘等有：光溪桥、官塘、洪水湾、定山桥、洞桥、继先桥、章远桥、乌金土塘、乌金碶、七乡桥、积渎碶、洞仙桥、风棚碶、石塘、听泉桥、问津桥、狗颈塘、沈公石塘、洋河石塘、崇福桥、宝祐桥、新丰桥、雅渡桥、行春塘、行春碶、通津桥、雄镇桥、永济桥、启文桥、甬水桥、向阳桥、一元桥。

今存光溪桥、洞桥、继先桥、章远桥、七乡桥、积渎碶、听泉桥、永济桥、启文桥、甬水桥、向阳桥。

宁波它山堰

当然这条南塘河也可以行船，在公交汽车普及前，宁波的交通多半靠船，据《鄞县通志》，交通里程：吃水二尺之汽油船自南水门可通至鄞江桥，长约 23 公里半。

明治弘治年间的朝鲜人崔溥被台风刮到台州，当地官员得知他是朝鲜人时，派人护送他从中国回朝鲜，就走过这条水路，他有日记《漂海录》记录此事。明代的官道上都是驿站，宁波的四明驿就在月湖柳汀上，现在说宁波是大运河的河海接点，就是因为宁波是一个出海口。

大胆设想一下，徐霞客如果从水路来宁波，再往宁海、台州，他也肯定在南塘河上坐过船！在南塘河上现在还有一个村叫北渡村，连接的就是奉化南渡，如果往台温走，大概水路就到此为止了。如果要出海则从城东的东渡门出发，如果要去京城，从城西的西塘河出发，一直到西渡（大西坝），往余姚、绍兴，从西兴过钱塘江到杭州，沿着京杭大运河一直到北京。古代的士子、商贾都是走这样的路线。古代的官员来宁波任职，也是这样走，古代的文人墨客去南海拜观音，宁波也是必经之地。

一堰三碶配套设施

王元暐修了它山堰后，为保证洪峰时刻的分水，他又在南塘河上设置了洪水湾、乌金碶、积渎碶、行春碶分段行洪，"涝则决暴流，旱则纳淡潮，诚两利之制也"，以保障南塘河有合适的水量流入明州城内。

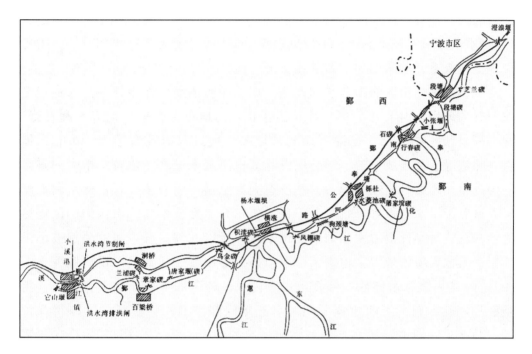

它山堰下游配套工程示意图

石碶，是俗名，本名行春碶。行春碶在县南十五里，又名南石碶。清人徐时栋《烟屿楼笔记》中说，不光碶这种水利设施是宁波人发明的，连这个字也是宁波人发明的。"吾乡又以土石障水时，其启闭而放纳之者，谓之碶。此字为鄞人所独。非特字书无之，即他乡亦寡有者。然已见之曾子固文中。宋后字书不为收入疏矣。又如礁字已见宋元志乘，则亦应收入者也"。《宁波通史》里写南朝宋元嘉时，当时的县令谢凤在奉化修筑了一项具有滨海特色的水利设施"方胜碶"，是有文献可查的宁波最早的碶。在宁波的地名里带"碶"字的也多得不得了。

在清代的时候，老百姓只知道泄水，已不知道纳潮了。康熙乙巳年（1665年），宁波城遭遇天旱。县令崔维雅亲自到行春碶，监督百姓开启碶板让潮水进来。因为天旱在四十天内，碶外的潮水尚且是淡的，超过了四十天潮水就太咸，而不能用。这个天旱就度过了，而且在秋天，还能丰收。所以关心水利的人要审察仔细。

万斯同《鄞西竹枝词》："王令当年放木鹅，身营三碶隔江河。只今启闭谁相问，一任舟人偷闸过。"

木鹅是古代测水深浅的工具。唐颜师古《隋遗录》上："大桥未就，别命云屯将军麻叔谋浚黄河入汴堤，使胜巨舰。叔谋衔命，甚酷，以铁脚木鹅试彼浅深。鹅止，谓浚河之夫不忠，队伍死水下。"唐无名氏《开河记》："上言水浅河窄，行舟甚难。上以问虞世基。曰：'请为铁脚木鹅，长一丈二尺，上流放下。故木鹅住，即是浅。'"

三碶也是它山堰的配套水利设施。据《四明谈助》作者徐兆昺写道，宁波旧时的风俗，向来有富户乡绅轮当庄首，为地方上督修碶堰等水利设施。这本来是很好的事情，但除了水利设施外，地方政府凡有浮尸、逃犯、催粮、除道等事都来找庄首，于是便没有富户愿意来做这个庄首。本来一码归一码的事，现在打包在一起，自然没有人愿意做，没有庄首，自然水利也没有人来管了。水利不好，自然一年荒一年旱。而且县令周犊山认为小民能尽力于水利，对小民侵占水利的情况也不管，所以此弊一开，河道公然被小民占据，其他人纷纷效尤。但查了一下志书里的职官表。却记录说周镐倒是一个好官。"周镐，字怀西，号犊山，无锡人。乾隆四十四年举人。嘉庆八年摄鄞县，旋即归。十四年调平阳，十五年回鄞。十六年去任。尝修筑狗颈塘，并在东钱湖多置碶闸，便利灌溉，有功地方。鄞人建祠祀之。"在北渡还有永镇祠用来祭祀周镐，光绪年间，巡道段光清、吴引孙，郡守胡元洁，县令徐翔墀，乡贤徐桂林、张恕、冯一桂、陆廷黻等附祀在祠中。周镐修了狗颈塘改塘名为永镇塘，老百姓在塘上修了永镇祠纪念这位地方长官。

或是地方学者眼中的行政长官与老百姓眼中的行政长官形象并不统一，不过凡做一件事，出一政策，总会有利弊。受益者自然称赞，受损者必然骂娘。同样站的角度不一样，也会有不同的看法。历史是一面镜子。

镶嵌在灵山江上的瑰宝
——姜席堰

◎ 叶健　姜强

> **题记**：姜席堰分为姜堰和席堰，位于浙江省龙游县灵山江上，主要功能是农田灌溉，兼及城市生态用水、灌区水产养殖等。始建于元代（1330 年），其枢纽工程由姜堰（上堰）、席堰（下堰）、沙洲、堰洞（现已堵塞）、引水渠、进水闸、冲砂闸等部分组成。在选址时，将沙洲设计为工程的组成部分，起着重要的分水作用。2018 年 8 月，姜席堰入选世界灌溉工程遗产。

绿水青山融古堰

在宁静的龙游大地上，有这么一座神奇的堰坝，它的名字叫姜席堰。

走进姜席堰，遇到用一生陪伴在姜席堰左右的严家纪老人，于我们是一次幸运的经历。老人已有 60 多岁，他一见我们，就热情地迎了上来，仿佛是即将捧出自己的珍宝与人分享一般快乐。

站在姜席堰的文化长廊里，严老手指着地图，用带有纯正龙游口音的普通话，热情洋溢地说起了他一生挚爱的姜席堰。从这位老人坚定的眼神和激情的述说中，我们真正感受到了当地人们深烙于灵魂深处的对姜席堰的那份

作者：叶健，女，就职于浙江省衢州市交通运输局，系衢州市作家协会会员；姜强，男，就职于衢州市政府办公室。

珍视与爱。这份感情传承了 600 多年，在这一刻，仍然随着一江清水，缓缓地、深沉地流淌着，感染着在场的每一个人。

我们一动不动地倾听着，老人的介绍足足有一个多小时之久。"您累么？"我打趣问严老。"不累，你们回去要多写一点，这样子我就放心了！"原来，姜席堰在老人心目中有如此难以描述的地位、更有如此想要向世人诉说的冲动。"好的，严老，您放心！"我们一口答应下来。我相信，每一个来到姜席堰的人，都和我拥有着同一份感动，这又哪里是只用几句话就能轻描淡写说清楚的呢？

姜席堰全景

严老邀请我们乘船去近距离地感受一下姜席堰的风范。两位船夫带领我们坐入船中，一进船，便感受到一阵墨绿色的清凉袭入心中，那么悠远又宁静。严老告诉我们，姜席堰分为上堰和下堰，我们马上要看到的是下堰——席堰。堰中心，一个黑色的三脚架吸引了我们的眼球，原来是一位摄影爱好者正站在堰中间，拿着相机捕捉席堰边美丽的风景。我们也忍不住站立起来，走到船头，踮脚远眺。啊！好一幅浓墨重彩的溪景图，青山环绕，绿水潺潺，古韵犹存。人在景中行，景在身边移，分不清是当下，还是穿越回了遥远的过去。一瞬间，随着流水的哗哗声，我们沉浸其中……造堰时的情景仿佛映射进我们的眼帘，历历在目，我们正目睹、倾听着勤劳的龙游人民用智慧与勤奋谱写出的对农耕文化的一首激情赞歌。

船往上游划去，滑过一片绿色的沙洲，沙洲上竹林茂密，随风舞动，别有一番滋味。绕过沙洲，便是姜席堰的上堰——姜堰。一只水鸟轻浮于水面，越水而起，在静如平镜的灵山江上划出一道美丽的水波，灵动而富于生机。我忍不住在想，如若来生有幸，成为这堰边的一只水鸟，安家在此，岂不快哉？灵山江之水经过堰身，细流而下，哗哗哗的水流声声声入耳，余音缭绕，实可洗脱一切凡尘，涤净心中烦忧。

沃 土 全 赖 智 慧 成

据《龙游县志》记载，姜席堰在元至顺年间，由龙游达鲁花赤（县令）察儿可马主持，姜文松、席寰泰两位员外负责具体的兴建。为纪念捐资并亲身修建的姜、席两位员外，人们将上堰称为姜堰、下堰称为席堰，合称姜席堰。

姜堰

　　从严老的介绍和相关资料中，我们了解到，姜席堰最令人敬佩的就是它设计的巧妙构思与独特的建筑理念。堰体位于浙江省龙游县灵山江上，始建于公元 1330—1333 年。姜席堰枢纽工程由 5 部分组成，分别是姜堰（上堰）、席堰（下堰）、沙洲、堰洞（现已堵塞）、引水渠、进水闸、冲砂闸。目前，灌溉渠系有总干渠和东、中、西干渠及官村干渠，总长 18.8 公里，灌溉面积约 3.5 万亩，受益的地方包括龙洲街道、詹家镇及东华街道所辖的共 21 个行政村。自建成 680 余年来，它的作用主要是农田灌溉，兼及城市生态用水、灌区水产养殖等。灌区种植以水稻为主，还有蔬菜、笋竹、茶叶、柑橘、黄花梨等农作物，是古代山溪性河流引水灌溉工程的典范。

席堰

　　姜席堰设计构思之巧妙，在于其沙洲的布局用途与都江堰异曲同工。都江堰位于汹涌的岷江之上，通过规模宏大的江心洲将岷江分为内江和外江，引江水通过宝瓶口流入成都平原。而姜席堰在选址时，就将沙洲设计为工程的组成部分，起着重要的分水作用。灵山江属江南典型的山溪性河流，姜席堰选址位于龙洲街道洪呈、后田铺村，灵山江从半河谷过渡到平原的咽喉位置，可充分利用水流落差，确保其下游平原最大农田面积的自流灌溉。姜堰主要起截留壅水作用，导溪水倾向北流，再通过席堰拦截使江水入渠。沙洲则替代两堰之间的连体墙，借助沙洲分建两堰引水，与拦河修建一座大堰相比，大大降低了工程建造难度。其构筑形式既利于两堰引水纳渠，又利于水下作业排水施工，还起到分洪作用，减轻河流流量过大冲刷的压力，姜堰设在岩石裸露处，既有利于堰身安全又节省投资，姜堰堰址河道较宽，有利于行洪。引水渠则因地制宜，利用蛇山岩体与沙洲之间形成的自然通道。整个枢纽以河道中的沙洲为纽带，上联姜堰，下接席堰，形成一条 600 米长的拦水坝，这种在河道上利用沙洲与堰坝组成一体的大胆构思在治水史上实为罕见，在科学建筑堰坝上有较为重要的研究价值。

"牛栏仓"结构，是龙游当地独有的堰坝修筑方式。对于"牛栏仓"框，严老更是赞不绝口，他告诉我们，姜席堰堰体以"牛栏仓"框架灌石作基础，增强了基础的整体性和抗冲刷能力，其结构形式沿用至今。所谓"牛栏仓"结构是指筑堰材料就地取材，用粗大松木，采用榫头、榫眼连接成框架，填入河卵石、黏土咬合紧密，成为堰体的基础灌石。姜席堰历经数百年，经历多次洪水冲击考验，期间虽多次修复，但堰址基础及堰身骨架仍无重大损坏，堪称奇迹，验证了当年筑堰技艺的不凡。

治 水 惠 民 长 相 传

灵山江，如同她的名字，充满灵气，又极富历史气息。江水浩荡，奔流不息，江岸如一部自然卷轴，见证了一段段悠久的历史，她见证了数千年前荷花山先民们的勤劳耕作，见证了千古之谜龙游石窟的开凿形成，也见证了姜席堰的建造修缮。中华民族的历史，就是一部治水史，也是人与水相互妥协、相互尊重的过程，而灵山江也自始至终从未被驯服过，直到姜席堰的出现，人与江的关系才发生了微妙的变化，从惧恨到抗争，从排斥到相融，从侵蚀到尊重。

祭祀活动

灵山港属山溪性河道，如同一群不羁的野马，随性暴涨暴跌，年内水资源分配极为不均，水资源充沛但难以充分利用，以至民生凋敝，百姓苦不堪言，对于江水的反复无常，人们束手无措，充满恐惧。

一方水土养一方人，尽管江水难驯，但人民抗争之心从未停止。时间来到元朝至顺年间，为发展农业，时任龙游县令察儿可马决心在灵山港上筑堰引水，一方面多方筹集资金，一方面上奏朝廷并得到回复：免交三年皇粮，限时三年完成。

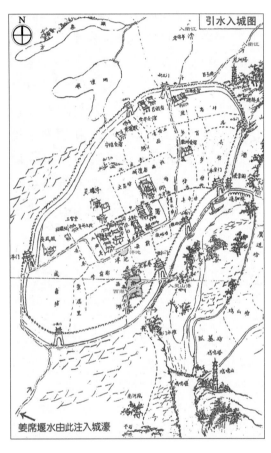

引水入城图

面对一方百姓期盼，察儿可马招集能工巧匠，沿灵山港自上而下挑选筑堰地址，最终选定后田铺村，后田铺村地处山区过渡到平原的咽喉部位，此处地势相对较高，河面相对狭窄，在此筑堰，不仅能最大限度地保证下游自流灌溉面积，而且在此处修建不仅工程量最小，而且投资最省。当时他把任务下达给了姜文松、席寰泰两位员外，委托两位负责堰坝工程。古时科技水平低下，大范围开渠定位成了难以解决的大问题，更何况田主们都不愿意渠道从自家的田地里通过。不过，这难不住察儿可马，因为他精通马术。相传，察儿可马巧妙地运用"黑夜走马定位"法，解决了这个技术和社会的双重难题：一天夜晚，两匹高头大马在尾巴上各自扎上一个装有石灰粉的袋子，两位骑手，各自朝指定终点策马奔去，马一跑身后石灰粉就撒落下来，于是两条白色的灌渠线就留在了田野上了。历史上的这两条灌渠并不是平行的直线，而是弯弯曲曲的，这是因为黑夜里，聪明的马为了安全都不走低、不爬高的缘故，而这恰恰是灌渠效益最大化的技术要求。

古堰滋养福泽了一方百姓的田园生活，见证了纷繁的历史变迁，也承载了一代又一代人的精神情怀。姜席堰建成后，为了纪念建堰有功的察儿可马和姜、席两姓主建者，曾在堰址附近建有堰神庙。庙旁的一棵古樟树已有

360 余年，被当地老百姓称为"堰神树"，常年香火供奉。如今，当地百姓仍沿袭了春耕之时在姜席堰畔，祭天地、告祖先、拜堰神、鞭春牛的传统，祈求风调雨顺、稻粮满仓。

古堰新貌美画卷

姜席堰建成至今已近 700 个春秋，川流不息的江水，流淌过了一段段丰富的旅程，铸就了一段段不朽的佳话，为灵山江两岸乃至整个区域的发展贡献了源源不断的动能。

史料记载，姜席堰共溉田二万一千七百八十一亩，得沾堰水者，皆称沃壤。《康熙龙游县志》记载，其高峰时期灌溉农田 5 万余亩。灌渠沿岸各种筒车、水碓、磨坊、油坊等纷纷兴起，发展起稻谷、柏籽、茶籽等农产品加工贸易，使灌区渐渐演变成粮油贸易集散地。灌区寺后畈、西门畈和詹家畈渐渐成了著名的"龙游粮仓"。元明时期还引姜席堰之水入城，清代再次开深渠道盘活城内水系。据清代徐起岩《重修龙邑堰濠合记》载，姜席堰东渠水于乾隆三年通开浚、深渠道后，重新引二堰水，分一路绕城而北，另一路西达于城之濠内，环学舍、汇泮池，经县治之白莲桥，东折而放北门出，遂汇城外之水，同泻于溪。不仅提高了龙游县城的城防能力，而且方便了城内居民的生产生活，城内纵横的水道也成为古城重要的组成部分。

灵山港旧时水量大，早年木帆船可通北界，据《康熙龙游县志》记述：灵山港"源远流长，堪通桴筏，南乡一源，竹木薪米悉由此出，灌输利济比于大江云"。在古代货物运输主要靠水路，水路即为商路。遂昌、松阳及龙游溪口的山货特产，经过灵山港水道或沿灵山港开辟的陆路，运至龙游，再经衢江上运衢州、常山、江山，下运兰溪、杭州。繁忙的商路，促成了龙游商帮的形成，并且发展成明清时期中国的十大商帮之一。民国时期，灵山港上游庙下、溪口和灵山成为南部山区的三个商贸重镇，处于姜席堰上堰南岸有一码头名曰渡堰头，是龙商水道的重要码头，也是陆路的必经之地。旧时渡堰头岸边商铺、驿站、客栈林立，夜里竹筏、帆船停满江面，灯火璀璨，热闹非凡。

在漫长的历史中，姜席堰形成了一套官督民办的管理制度，县级官吏行使监督职权，将具体事务委派给县乡中有威望的乡绅，再将各项水利事务分派给受益农户。至 16 世纪末姜席堰已形成固定的岁修制度，设有堰长。清代设有堰工局，在府、县政府的监督下，由乡绅具体负责堰渠维修、经费管理、章程制定等事项。姜席堰这种官方与民间结合的管理模式，一直延续至今，保证了姜席堰的可持续运行。丰饶的土地，繁荣的商贸，促成区域文化的发展，姜席堰会、堰神会为我国非物质文化遗产婺剧的产生开辟了生存空间，促进了婺剧的流传。姜席堰所在的后田铺村，就是婺剧的发源地之一，民国时期曾出现过周春聚班等著名台班。后来，在周春聚班和徐东福班基础上组建了衢州实验婺剧团，再后来则改组成浙江省婺剧团。堰水孕育出了周月仙、周月桂、周月芗三姐妹等婺剧花旦，赢得了"七看八看不如看龙游花旦"的佳话。

近年来姜席堰灌区列入浙江省生态休闲观光区、衢州市全域旅游中心示范区，举办了"亚龙汽车拉力赛""国际名校自行车赛""国际龙舟邀请赛""龙和国际垂钓中心"，灌区水资源利用效率大幅度提高，也极大地带动了龙游休闲、旅游业的发展，农民得实惠，人民幸福指数增高。现如今，龙游县正积极筹建姜席堰风景区，借助国家水情教育基地创建，整合婺剧文化园、龙和渔业园、浙江枫晟铁皮石斛种植基地、"龙游飞鸡"创收基地等项目，形成以姜席堰渠首区域为核心、以渠系串联全域的特色研学游乐园。

北京时间 2018 年 8 月 14 日 8 点 50 分，在加拿大萨斯卡通举行的国际灌溉排水委员会第 69 届国际执理会会议上，龙游县姜席堰被确认为世界灌溉工程遗产并授牌！姜席堰以它独特的魅力征服了国际灌排委的专家评委。它的魅力，彰显在设计上的匠心独具；它的魅力，蕴藏在布局中的"天人合一"；她的魅力，演化在延续百年沿用至今的"官督民办"……

一时之间，龙游姜席堰名声大噪。乡村僻壤一座名不见经传的姜席堰为什么能和千年盛名的都江堰共享盛誉？众人感叹之余皆有些好奇。

确实，同为灌溉工程中的堰坝工程，论历史，建成 2300 多年的都江堰已是历经沧桑的老者，而 680 余年的姜席堰只是名声初显的青年；论能力，都江堰灌溉面积近千万亩，成就天府之国的美名，而姜席堰灌溉面积仅为 3.5 万亩，是龙游一方百姓享鱼米之乡的福祉；如果说，都江堰是旷达清放有着大江东去之豪迈的东坡居士，那姜席堰则是低吟浅唱烟雨飘缈养在深闺无人识的江南少女……

浩浩江水、奔流不息，当年的精湛技艺如今被赋予了世界级的桂冠。饱经风霜、坚固屹立的姜席堰仍将继续守望龙游人民的鱼米之乡，描绘更为绚烂多姿的新时代画卷。

润泽千年的溪上群堰

——白沙堰

◎ 李俏红

> **题记：** 白沙溪三十六堰位于金华婺南白沙溪上，首自辅苍（今浙江省金华市婺城区沙畈乡亭久村），尾跨古城，是利用河流水势落差建成的三十六座堰坝，始建于东汉建武三年（公元 27 年），建成后使原来易受洪旱灾害的白沙溪周边二州三县八都的万顷农田成为自流灌溉、旱涝保收的粮仓。至今仍有 21 座堰在发挥作用。白沙堰为浙江省级文物保护单位，2020 年 12 月入选世界灌溉工程遗产。

初遇白沙堰，于我有惊艳的感觉。

这堰修长柔美，像天上的彩虹映在水里；这水清澈透明，不沾凡尘，仿佛天上的瑶池落在人间。

我是那样喜欢啊，一见就挪不动脚步，只能痴痴呆呆地望着。傻傻站了一阵子，突然就脱下了鞋袜，满心欢喜跑到堰坝上去了。我家先生被我的举动吓了一跳，赶紧跟过来，大声喊着小心点，不要滑倒。他以为我会掉到堰坝下面去，事实上，这水多清啊，掉下去又如何，只不过把我这一身浊气洗得清爽罢了。

那时候并不知道白沙堰有这么多的故事，也不知道白沙堰有类似都江堰一样高的水利价值。那时候只是喜欢这几座堰体连绵的一汪碧水，春夏秋

作者：李俏红，女，系中国作家协会会员、浙江省作协全委会委员，冰心散文奖获得者。

白沙堰

冬，为了拍照片，一年要跑去好几趟。一看到那水，我便会想起柳宗元的《小石潭记》："潭中鱼可百许头，皆若空游无所依，日光下澈，影布石上。怡然不动，俶尔远逝，往来翕忽，似与游者相乐。"总感觉这是文学作品里才有的场景，如今却如此幸运可以让我在现实中真正拥有。

终于有一天，忍不住诱惑，我在白沙堰畔买了自己的房子。从此推窗便可见到横卧在溪流上的坝体，走出家门便可以到坝边洗衣游泳、捉虾捉鱼，哪怕是晚上，都可以枕着"哗哗"的流水声入眠。加上山野环境幽静，空气清新，总感觉自己仿佛住在了桃源里。从此可以虚度人生，可以对着成天流淌的水，傻乎乎地笑。我们的人生并不是每时每刻要有意义，人生有很多无用之美，就像眼前这流淌了千年的白沙水，还是我们老祖宗当年的样子。

白沙三十有六堰

流水从堰坝上方冲下，在溪涧形成一朵朵翻卷的浪花。堰坝上游则形成一个人工湖面，水清波平。白沙堰在琅峰山脚下，琅峰山丹霞地貌，奇岩突兀，林木茂盛。绕着山流淌的便是白沙溪。我在琅峰山的山门旁侧的河坡上，看到一块石碑，上题"白沙堰"三个大字。石碑背面记载着"白沙堰"的史料考证：白沙溪有三十六堰，首创于东汉建武三年（公元27年）。

日日行走在白沙堰畔，对白沙堰的了解与日俱增。

2020年1月20日，中国国家灌溉排水委员会公布2020年度世界灌溉工程遗产候选申报名单，福建天宝陂灌溉工程、陕西龙首渠引洛古灌区、金华白沙溪三十六堰、广东佛山桑园围等4处，被列入候选名单。

白沙堰是此次浙江省唯一被列入候选名单的。世界灌溉工程遗产是国际灌溉排水委员会（ICID）主持评选的文化遗产保护项目，其评选始于2014年。与联合国教科文组织主持评选的世界遗产不同，世界灌溉工程遗产着眼于挖掘和宣传灌溉工程发展史及其对文明的影响。

白沙堰景区

白沙堰是指位于金华市白沙溪上的三十六堰，三十六堰古水利工程自东汉建武三年（公元27年）开建，覆盖了白沙溪的全部流域，受益农田27.8万亩，至今仍有21座堰在发挥灌溉作用。白沙堰始建于东汉初期，最后的一堰也是成于吴赤乌元年（238年），从始建至今已有1900余年，是国内继先秦郑国渠和都江堰之后的又一处知名的古代水利大工程，也是浙江省最早的水利工程之一。

白沙溪，又名白龙溪，是金华婺江的一条重要支流，流经沙畈水库、金兰水库，经琅琊、白龙桥两镇后注入婺江。以溪水白如镜而得名，又以蜿蜒曲折似龙蛇，风吹波浪似白鳞而得名白龙。白沙溪水清沙白，是金华一大美景。

白沙溪，发源于婺南群山腹地的溪流，位于钱塘江上游的婺江支流，发源于遂昌县境内与瓯江分水岭的天平岗，岗顶高 1300 米，汇流处在临江村后杜自然村，流经门阵、柿树岭、溪口、沙畈、高儒、青草、辽头、山脚、大岩、琅琊、古方、新昌桥、白龙桥、邵家、临江、后杜，流入婺城的母亲河——婺江，然后奔向钱塘江，汇入东海。

对于婺南山区人民来说，白沙溪是承载几多乡愁的水系，更是一条令游子怀想的母亲河。波涛翻腾的白沙水，从东汉流淌至今。白沙地域历来是浙中金西的一个主要产粮区，白沙溪两岸的田地因白沙水的润泽而肥沃和富庶；沿溪两岸的乡民，几千年来汲取着白沙水世代绵延。

琅琊桥

白沙溪上游水流汇至金兰水库，下游由水库出水，顺流至金华江。三十六堰自上而下依次分别是沙畈堰、大坟头堰、亭久堰、涉济堰、高儒堰、上水堰、周村堰、黄坛口堰、上塘堰、下塘堰、裴家堰、青草堰、崖头堰、猪头潭堰、山脚堰、陈思堰、皂里堰、李兰堰、磨石堰、朱村堰、溪东堰、石人山堰、第一堰、第二堰、第三堰、风炉堰、第四堰、华山堰、第五堰、洞山堰、旱龙堰、马坛堰、玉山堰、上河堰、下河堰、中济堰。千百年来，这些堰坝一直横卧于白沙溪的各段，长年累月地发挥着它的灌溉功能。

据史学界有关人员分析研究，有关白沙溪有考古价值的史料颇多。宋地方学士、贤良方正科举子、邑人杜屿所写的《唐昭利庙碑记》一文，碑文曰："赤乌元年旱，乡民谋开堰引水，以灌良田……白沙三十六堰以次而成。"此唐碑文表中已经明载，白沙三十六堰坝确系白沙乡民当年为了解除天旱之灾，规划筑堰，疏渠引水至乡间农田。明代学士邑人赵宗善于其当年所撰的《白沙水利碑记》中又云："县东（此指汤溪县城东）二十里，白沙溪堰共三十有六，所从来焉，自汉柱国昭利侯浚汇之，凡田之多寡，汤之十都、十一都、十二都，以达金之三十四都、三十六都，兰之三十一都，三县六都，水分六带。匝围二百里，田不知几千万亩。"另有近代专著《白沙溪三十六堰》中有述："白沙溪三十六堰之兴筑，据传于东汉初年为卢文台创建，后经三国孙吴时乡民大力修筑而奠为基，距今已有近两千年历史。历经沧桑，屡遭水毁，屡毁又屡建，废兴演变甚多。"

不同年代、不同版本的方志古谱对有关古白沙堰的记载更为客观明了。明《嘉靖金华县志》有载："白沙溪，在县西，又名白龙溪，汉辅国将军卢文台开堰三十六处，灌溉金华、汤溪、兰溪三县上地，为利甚深，农多赖之。"明《万历汤溪县志》也有类似记载："白沙溪共计三十六堰，在县东二十里，汉柱国将军、皇封昭利侯卢文台所开，首自辅仓，尾跨古城。"之后清康熙、乾隆及民国《汤溪县志》皆沿袭此说。而清《雍正浙江通志》有述白沙溪三十六堰则是转引了明《嘉靖金华县志》之上文所述。《民国汤溪县志》载："东汉建武三年（公元 27 年），辅国大将军卢文台率部隐退辅仓（今婺城区沙畈乡亭久村），垦辟田畴，兴建白沙溪三十六堰。"

先祖福泽润千秋

有事没事，我经常到白沙堰上走走。白沙堰旁有一株高大的老樟树。枝干遒劲，枝叶繁茂。天晴的日子经常有小鸟飞进飞出，好像迎接什么节日似的。白沙水浩浩荡荡地从白沙堰奔流而下，天空高远明净，白云朵朵自由来去。

卢文台的那个年代有那么明亮的星空啊。

相传，三十六堰坝是浙江省最早兴建的堰坝工程。卢文台面对白沙溪水势湍急，晴则旱，雨则涝，连年灾荒，百姓深受其害的惨状，继夏禹治水精神，效秦蜀郡守李冰父子兴建都江堰之举，率部将与当地百姓，利用河流水势落差，先后建成三十六堰，使原来易受洪旱灾害的白沙溪周边二州三县八都，万顷农田成为自流灌溉，旱涝保收的粮仓。

卢文台，字高明，幽州范阳（今河北省定兴县）人，汉武帝末年，卢文台任步兵尉，历官辅国大将军。后来，王莽篡汉，卢侯厌倦官场生涯，率部36人，退隐辅仓，来到浙西南山区——金华沙畈祖郭殿一带。见此处地域广阔，沃野肥润，竹木茂密，对面山峰如五指伸展，便停留此地，田畴垦辟，自食其力。只因卢侯在此停留较久，后便将此地命名为"停久"，并一直沿用至今。

白沙亭

卢文台在白沙溪，是一个神一样的存在。人们唤他白沙老爷。

在金华很多人都熟悉白沙老爷的故事，不少人甚至是听着白沙老爷故事长大的，而且在金华各地有不少白沙庙，里面都供奉着白沙老爷。关于卢文台的记载正史上很少，但是白沙老爷庙以及很多碑记里面会提到卢文台，从而得知他曾在西汉汉武帝时任步兵校尉，因为修建了白沙堰，从而得到了人们的景仰。

卢文台死后，葬在婺城区沙畈乡停久与高儒两村之间的祖郭殿，其墓葬目前已经公布为金华市级文物保护单位。

千百年来，万千白沙子民为追怀治理白沙溪、兴建白沙堰的先祖先民，"怀其惠，感其恩，以庙祀之"，不仅为他们树碑立传，还分别自白沙溪源头至临江入江口，在各个堰口坝头相应兴建了白沙庙。同时，邻近各县的兰溪、浦江、义乌、遂昌等地也多有同样的白沙庙。

不仅民间景仰，官方也对卢文台的功绩给予充分肯定。

自唐广明元年至元顺帝年间，就有6位君王7次为彰表汉将卢文台为民创建白沙堰之丰功而作出封诰：唐广明元年，唐僖宗封卢侯为"武威侯"；吴越王于开平二年封"保宁王"；宋徽宗于政和三年封"昭利侯"；宋孝宗于淳熙十年封"灵贶侯"；宋宁宗于嘉泰元年封

金华白沙堰琅峰山诗文碑

"孚应侯"，后又于嘉定十年加封"广济王"；元顺帝即位后，于至正十八年又封其"忠烈王"。

宋左丞相、邑人王淮曾数次亲临白沙溪，讴歌白沙堰和始建者卢文台，其于淳熙九年所作七律《白沙溪遗兴》所云："白沙三十有六堰，春水平分夜涨流。每岁田禾无旱日，此乡农事有余秋。功驰汉室为名将，泽被吴邦赐列侯。千古威灵遗庙在，至今血食遍遐陬。"同朝学士、诗人杨廷兰也作五律诗《千古白沙溪》，其诗颂曰："出作东汉将，归扶南山犁。置身云台表，庙貌何崔巍。功补夏侯阙，泽同郑渠遗。滔滔流不息，千古白沙溪。"明贡士、江西布政使、金西五贤之一的朱胜也作五言《白沙溪即事》有云："白沙连翠竹，春岸漾清波。堰合千山雨，涨分万顷禾。灵昭黄武始，泽沛赤乌多。欲问卢侯事，遗碑仔细摩。"

古时高官名臣、文人贤达在不同时期以诗文方式讴歌白沙溪、白沙堰及堰坝创始人卢文台。古时白沙乡域之纵横水网都是按照三十六堰渠系配套规划，一堰一湾一主干，干渠又分若干支渠，支渠再分若干水浃水沟，细流入水田。如此干渠分支渠，支渠分浃沟，浃水流进田，农田不受旱。千百年历史形成的田原水网，沟渠配套，使用至今，真的是浙江水利工程上的奇迹。

中华人民共和国成立后，随着现代经济体制的改革、科学技术的发展、生产力水平的提高，至20世纪50年代末至60年代初，为改善农业水利条件，遂于白沙溪出山口的大岩段筑起长坝，建成了金兰汤水库，到了20世纪末，接着又在白沙溪上游的沙畈段建造了沙畈水库，这先后建造的两座中型水库，库长达数十公里，原有部分的白沙堰坝就被淹没水库底。至今尚有21座仍然继续发挥着蓄水引渠、浇田灌水的功能，从而保证了金、汤、兰地

卢文台塑像

区数万民众能以安身立命、繁衍生息，极大程度地促进了浙中金华的经济发展和社会文明。

鉴于白沙古堰的作用和历史名声，1996 年 12 月被金华县人民政府公布为重点文物保护单位，2011 年 1 月被浙江省人民政府公布为省级重点文物保护单位。

白沙堰存史二千年，前近千年不见有文字记录，后千余年始有明确记载。期间有各种探讨和说法。其实这些问题并不重要，重要的是白沙三十六堰从古至今一直利国利民，功在千秋，无疑是江南著名的水利文化遗产。

站在 1900 多年前的白沙堰上，看着溪水经堰坝围栏后流向下游广袤的农田，什么叫福荫万民、遗泽千载，我对这句话有了更深刻的理解。

白沙堰一年四季有着不同的美景。春来芦苇细竹翠绿逼人，秋尽芦花丛丛叠叠随风飘扬，还有成群的野鸭、白鹭，在溪水间自得地寻虾觅蟹。偶有人一声吆喝，这些溪滩上的野鸭和白鹭，一下子从水中掠起，但没等荡开的涟漪平息，又会在另一处停下来觅食嬉戏……

如果有一天，我行将老去，我愿意有白沙溪和白沙堰相伴。你看，这水是如此清澈，倒映着远处连绵起伏的山峰，倒映着天上的云朵，仿佛明镜似的——水面有大大小小的绿洲，各种不知名的水鸟在轻盈飞翔，我觉得这都是世界上最幸福的鸟。

伊山脚下的记忆
——李渔坝

◎ 李俏红

题记：李渔坝位于浙江金华兰溪市永昌街道夏李村西，原名石坪坝，由明末清初著名戏剧家李渔设计和督工建造，设计精制而巧妙，至今仍在发挥灌溉功能。1981 年，李渔坝被公布为浙江省级文物保护单位。

一条蜿蜒的小溪，溪水哗哗地往前流，小鱼在翠绿的水草间穿梭往来，小溪两岸是高大的树木，绿荫如织，山风吹来凉意，一下子就把身上的汗气吸走了。

伊山脚下，坐落着一个古老的村庄——夏李村。

夏李村，位于兰溪西部，距兰溪城 20 公里，面积 2.15 平方公里，现有耕地 1740 亩，485 户，约 1500 人口。其李氏祖上在唐时自福建长汀迁至浙江寿昌，后裔于宋时迁居至此。

夏李村山环水绕，文化底蕴深厚，自宋理宗宝祐三年（1255 年）年建村起，已有 765 年的历史。700 多年前的夏李村名不见经传，只有成群的蜻蜓在低洼的水塘边起起落落，但自从出了一个清代文学家、戏剧家李渔后，夏李村就名声在外了。

作者：李俏红，女，系中国作家协会会员、浙江省作协全委会委员，冰心散文奖获得者。

李渔坝原名石坪坝

今天我们所要说的这个李渔坝，其实原名叫石坪坝，因为是李渔设计建造的，所以又称李渔坝。

第一次去看李渔坝的时候很好奇，很想知道是怎么样的一个坝。穿过一段窄窄的乡间小路，路的两边，水杉树干劲刚直，灌木藤蔓郁郁葱葱，若在早年这个坝几乎不为人所知，也几乎没有什么人会来，现在来的人渐渐多了。

小路的左侧是龙门溪。这龙门溪一到雨季，溪水就泛滥成灾，淹没两岸的房屋和农田，乡民们颗粒无收。一到旱季又没有水灌溉，地里的庄稼都要晒死。夏李村虽然土地平阔，良田肥美，但是要靠天吃饭。然而自从李渔坝建好之后，两岸农田得以旱涝保收。

李渔坝

李渔坝的两侧是水田和小树林。几只白鹭正在觅食，我们走近也不飞走，依然优雅地踱着步。

坝旁的树枝繁叶茂，几根遒劲的枝干斜斜伸出来，给水坝增添了几分绿意。这儿的空气是湿润清新的，猛吸一口，夹着山野的青葱气息和不知名的野花淡淡的香味。

我们去的时候，刚连续下了几天的山雨，水量正充足。浪花从坝上喷泻而出，发出"轰隆隆"的响声，溪水顺着坝面轻快地落下来。在坝上，即使是在烈日当空的盛夏，坝前的流水也会给你带来清凉。时光静静地流逝了370多年，李渔坝如今依然在发挥着灌溉的作用。水面波光粼粼，万物藉水葳蕤生长。

坝面略拱，也许是方便夏天的时候人们赤脚从上面涉水而过。坝右边有一个平台，立有一碑，碑上的字斑驳，仔细辨别，方可判断出是"石坪坝"三个字。但现在人们都称此坝为李渔坝，这应该是家乡人对这位文化奇人的景仰与纪念。

兰溪李渔坝旧貌

在炎热的夏季，水对于江南，那就是油，就是命。儿时经常看见村人为灌溉用水而争斗，双方打得鲜血淋淋。而夏天的水总是那么吝啬，一点一滴都变得无比珍贵，李渔坝恰恰解决了夏李村盛夏用水的问题，从此村民们也不用为了水大动干戈。

李渔坝位于夏李村西约 800 米的地方，坝长 9.7 米，宽 1.6 米，高 3 米，用红条石砌筑而成，设计精制而巧妙，坝虽不大，却是由李渔亲自设计和督工建造。带我们前去的村民说，这是李渔留在村子里的为数不多的实物遗迹之一，至今依然保持着原来的样子，现在是浙江省省级重点文物保护单位。

夏李村地处浙西丘陵地带，"里地高燥"，农田产量甚低，村民生活贫苦。李渔经过勘察，发现附近的李溪、朱岗溪水源充足，但田高水低，不能直接灌溉。于是他带领村人建了 4 处石坝，李渔坝是今存最完好的一处。据《龙门李氏宗谱》载："伊山后石坪，顺治年间笠翁重完固。彼时笠翁构居伊山之麓，适有李之芳任金华府推官之职，与笠翁公交好，求出牌晓谕，从石坪处田疏凿起，将田内开凿堰坑一条，直至且停亭，复欲转湾伊山脚宅前绕过。公意欲令田禾使有荫注，更欲乘兴驾舟为适情计也。"

坝体设计独特、结构奇巧

李渔坝的设计深得"深淘滩，低作堰"的治水精髓。3 米高的坝体横踞在小溪之中，起到蓄水的作用。当水位到达一定高度的时候，水就顺着右侧的小渠流出，沿着密布的沟渠网，流到了灌区的田地里。而当上游的来水过多的时候，水位就会超过堤坝，多余的水漫过坝体，流到了下游。这样，围堰里的水位总是稳定在一定的范围之内，保证了灌区的用水。逢旱时，流水全部从左渠绕伊山而过，滋润着大片农田；逢雨季，多余的水会从弧形溢水口奔泻而出，自高而低地跌落水幕势如瀑布，声如雷鸣，成一大景观。

此坝还有一特别之处就是在坝体底部，从外看，有一个边长约 60 厘米

李渔画像

的方孔，从坝体外侧一直延伸到坝体内侧，呈一定坡度，孔下方边线与上游河底平，内口覆盖有一块方石。构筑之初，大家对李渔的这个设计大为不解，待后来堰坝起用后方解其中奥秘。原来以往堰坝不设此孔，时间一长，河道便淤泥堆积，河床也随之抬高，大水一来，堰坝就易冲毁。如今有了这开关自如的方孔，在大雨不止、河床泥沙

淤积之时，打开方石便可供排淤；遇上灌溉之时，盖上方石，坝内水位便随之升高，溢过坝左侧的引水渠，依山越野，流向周边农田。想到现在很多大坝都没有解决好泥沙沉积问题，李渔却在这么一个小小的坝上将这个问题成功解决了。

李渔是一个喜欢发明创造的人，他很喜欢动脑筋，从李渔坝就可以看出，他有常人没有的聪明之处，所以一直到今天，还有很多水利专家到这里来观看取经，对这样的一种结构极为赞叹。

李渔（1611—1680），字谪凡，号笠翁，浙江兰溪人，明末清初文学家、戏曲家，著有戏剧《笠翁十种曲》、小说《十二楼》、随笔《闲情偶寄》等。18岁补博士弟子员，在明代中过秀才，入清后无意仕途，从事著述和指导戏剧演出。

南明隆武二年（1646年），清兵攻占金华，在金华府中供职的李渔回到老家，过起了怡然自得的"识字农"生活。当时村里数他文化程度最高，跟当地官员又熟，他被推为"祠堂总理"（相当于现在的村主任）。从1646年9月回乡到1649年离开夏李赴杭州创业的3年间，"村主任"李渔从倡修水利、推行村级财务公开、村庄规划整治和开发乡村游等几方面入手，志存乡野，精心构筑自己理想中的"世外桃源"。

三年里，李渔率村民改建或新建石坪坝等4处堰坝，把村庄周围的两条河渠全部打通，又新开凿了伊坑等3条堰坑沟渠共计3公里，不但使上千亩易旱的黄土丘陵地形成"自流灌溉"，而且也解决了村民饮用水不便的问题，受益至今。《光绪兰溪县志》："昔渔尝于夏李村间凿沟引水，环绕里址，至今大得其水利。"

兰溪《民国三十七年县修志馆采集》亦有云："龙门堰在仁湖乡下李庄。上石坪，在龙门山南经堂口许家之下，上受古塘、乐塘、双牌之水，由坪注于亚鹊堰，由堰注于田，应注由西警畈至上溪而止。下石坪，在晏公庙右（今废），与上石坪同一源，水注于殿前堰。庵头石坪，上受檀塘垄吴小儿砚山所来之水，应注马田坑畈，至松园头

李渔祖居

及前堰、瓮池。下石坪应注殿前畈及大士宫、前畈。如它居小涸则筑坪，由堰注于上湖、下湖二塘，次及麻坑池、洞堰、八十堰、下堰、下湖塘，以及大堰，其利最溥。伊山后石坪，上受厚伦方与湖稷山堰之水应注伊山畈一带，顺治间李笠翁重彻完固，民国时灌田百余亩，每年修筑一次，由附近村庄办理。"

但李渔终究不是一个甘愿一辈子安闲过日子而默默无闻之人。"天生我材必有用"，不久，他就变卖家乡的房产出走杭州。从此过上了著述卖文、出版图书、度曲演戏、组建戏班、策划生活、设计造园的生活。他多年在外为生计奔波的过程中，会不会想起他修建的石坪坝呢？我想肯定会的。因为他在晚年回到兰溪写和诗中有"喜听惟洞水，仍是旧潺湲"之句。

在兴建李渔坝的同时，李渔还在官道之上建起凉亭方便行人，名曰"且停亭"，又撰联一幅，文曰："名乎利乎，道路奔波休碌碌；来者往者，溪山清静且停停。"该亭被列入中国十大过路凉亭之一。李渔任职期间的爱民、廉政的思想与开拓、创新的工作作风颇受当地村民称颂。

据水利专家介绍，在江南水乡至今保留的古水利工程之中，单独设立排沙孔的并不多见，李渔坝可算得上水利类文物的绝品，是独一无二的典范。

我想，李渔坝，也应该算是古代治水文化中一个小小的亮点吧。

回程，走出很远了，回过头再看那水坝，它依然以奔腾的姿态看着我们，依然雷打不动地灌溉着所有它流经的田地。我突然有一种冲动，下次一定要再来看看它的美。这种美不是鲜衣怒马的美，不是万众瞩目的美，却是朴素实在的美，清风明月的美。这种美会一直延续下去，也许千年，也许万年。

时光流逝，岁月轮转，一切人事都发生了变化，只有这溪水依旧在坝前潺湲流动，诉说着 370 多年前的往事……

见证烟火、温暖与变迁

——新河闸桥群

◎ 张明辉

题记：新河闸桥群位于浙江省温岭市新河镇，主要功能为保证农田灌溉。始建于宋代，形成包括麻糍闸、中闸、北闸、下卢闸、打铁桥闸、咸田湖闸（玉洁闸）、六闸等在内的闸桥群，前四闸保存较好，以新河闸桥群为名。2006 年 5 月新河闸桥群被公布为国家重点文物保护单位。

回 望 新 河

2021 年 9 月 21 日，周一，天气晴好，我前往新河古镇。此前，我曾不止一次前往新河，探访古镇的老街，探访寺前桥。此行目的地是新河闸桥群。

新河闸桥群位于浙江省温岭市新河镇南鉴、中闸、北闸、城北等村。其中，麻糍闸位于新河镇南鉴村，跨后街村流向南鉴村之小河，西距椒新路约 300 米。中闸位于新河镇中闸村，跨后街村与南鉴村之间的小河，东距椒新路约 60 米。北闸位于新河镇北闸村，跨东合村流向北闸村之小河，南距新新路约 300 米。下卢闸位于新河镇城北村瓜篓山附近，跨城东村与城北村之间的小河，南距下卢路约 20 米。

作者：张明辉，男，笔名江南冰雨，系浙江省作家协会会员，台州市作家协会散文创委会副主任，温岭市作家协会主席。

我们开车抵达新河南鉴村已是上午十点，却难以找到麻糍闸准确的位置。在一处厂房附近，已是路的尽头，抬眼望去是绿油油的稻田。便向正在厂门口忙碌的两位年轻人打听。他们挺热心，其中一位主动带我来到稻田边，指向左前方，顺着他手指的方向，稻子稠密，依旧难以看见。他说：我从小就生活在这里，穿过这条小田路，直接就可以找到。但这条路难走，不如开车绕回去，从河边过。

我也从小是在新河的乡村长大，自然熟悉这样的场景，河岸、稻田、甘蔗林、苦楝树、桑树、芦苇丛、瓜果田园……至今我仍向往，这样的乡野气息。田垄里侍弄蔬菜的老农，河岸边陪孩子玩耍的少妇，骑电瓶车载人路过的中年妇女，以及开着皮卡装货的外地司机，朴素、自然，这一切都发生在河岸，进入了我们的视野。

沿着河岸，车子可以直达麻糍闸。一个砌石的广场，竖立着几块青色的条石，四周被稻田包围。一只白鹭从河岸边的枝头起飞、滑翔，扇动翅膀落到了不远处。麻糍闸低矮、平坦，卧在一条并不宽阔的河流之上。简朴，毫不显眼。

麻糍闸，仙人以麻糍粘之

温岭负山濒海，西部和西南部负山处，入河诸溪，源短流急，难以潴蓄。东部和东南部濒海处，河道浅窄，入海出口又受潮汐顶托，淤泥壅塞，泄流不畅。中部平原，地势低洼，有"釜底"之称。洪涝、干旱灾害频繁。宋代以前，为保证农田灌溉，多筑"埭"（坝）以蓄水，有"官河流径八乡，有支泾九百三十，埭二百"之说。筑埭既多，利蓄不利排，矛盾丛生。北宋元祐年间，改埭为闸，"旱则闭以蓄水，潦则开以泄水，民大称便"，掀开了温岭水利史上新的一页。南宋朱熹时又进行了增建修理，奠定了水利基础。日久闸口壅塞，泄水不畅或无法排泄，各朝又进行了整治修建。是以闸桥遍布新河各地，形成包括麻糍闸、中闸、北闸、下卢闸、打铁桥闸、咸田湖闸（玉洁闸）、六闸等在内的闸桥群。前四闸保存较好，以新河闸桥群为名推荐为第六批全国文物保护单位。其他各闸损毁改建严重。

麻糍闸位于新河镇南鉴村原高桥乡驻地东约 500 米的河上，《光绪太平续志》称其为"朱文公建。俗传桥石将断，仙人以麻糍粘之。"这当然是民间的传说。这样的想象，又贴近大众的思维。闸桥为二孔，东西走向，桥面长约 17.55 米，宽 3.68 米，两孔跨度均为 4.60 米。桥墩为石伸臂梁式结构，用仿拱形的条石分二级叠涩悬挑而出以承桥梁，从桥墩共挑出 1.08 米，每侧每级共设 6 拱，拱顶为横条石，该条石侧面为斗形，其顶层横条石开有槽口，应为置托木之用。桥墩构造仿木结构，侧面形似一斗六升。在水流的上、下方各设分水尖。桥墩厚 1.59 米，

麻糍闸

长 5.59 米（包括分水尖）。闸槽宽 0.18 米，深 0.11 米，闸木长 4.78 米。桥台为石壁墩式，后砌翼墙，两侧由八字形金刚墙连接泊岸。每孔桥面由 2 块桥梁和 4 块桥面板组成，桥梁宽 0.3 米，厚 0.47 米，长 4.74 米，桥面板宽 0.59～0.615 米，厚 0.21 米。

我们见到了经过修复后的麻糍闸，桥面新铺的石板平整，几乎复原了古朴的模样。当然，麻糍闸闸道的功能已经丧失，桥面落闸处为青石填补。2006年，新河闸桥群被公布为全国重点文物保护单位。2009 年，新河闸桥群维修工程报经国家文物局立项。2010 年，《温岭新河闸桥群修缮设计方案》与《新河闸桥群修缮工程施工图设计》报经浙江省文物局审核通过。2010 年完成麻糍闸保护修缮工程。2011 年完成中闸保护修缮工程。2012 年完成北闸保护修缮工程。2013 年完成下卢闸保护修缮工程，并完成新河闸桥群环境整治。

中闸，乡野的烟火气

在乡野之上，我们的探访似乎暗合了某种仪式，在故纸堆里翻捡、溯源、考量、探究。又仿佛是一种全新的回望。

中闸位于新河镇中闸村。始建于宋，明洪武九年（1376 年）提调官黄岩县主簿孙斌重建。闸桥三孔，南北走向，桥面长约 22.20 米，宽 3.97 米，中孔跨度为 4.64 米，南、北孔跨度为 3.75 米。桥墩为石伸臂梁式结构，用仿拱形的条石一级叠涩悬挑而出以承桥梁，从桥墩共挑出 0.665 米，每侧共设 10 拱，拱顶为横条石，该条石侧面为斗形，开有槽口，应为置托木之用。在水流的上、下方各设分水尖。桥墩厚 1.55 米，长约 5.03 米（包括分水尖）。

中闸

闸槽宽 0.18 米，深 0.11 米，闸木长 4.85 米和 3.95 米。桥台为石壁墩式，后砌翼墙。每孔桥面由 2 块桥梁和 4 块桥面板组成，桥梁宽 0.3～0.39 米，厚 0.3～0.335 米，长 2.08～4.14 米，桥面板宽 0.49～0.64 米，厚 0.26 米。

在中闸村，我们在一处大棚前的空地停下车，经过民居、矮墙，进入一个小巷。在不远处，中闸桥横贯在平静的水面上，比起稻田间的麻糍闸，中闸多了些许乡村的烟火气。桥头的中部绿植的藤蔓低垂，桥墩的古朴与流水的质感相辅相成。河岸边，一位老人拉着手推车，缓慢地走过。周边的一切呈现出养眼的绿色，如此静谧。河水的滋养，使田园里的时令瓜果蔬菜茂盛，一丛薜荔探入水中，一蓬莲子草开着细碎的小花，淡雅、娇嫩。水鸟优雅地划过水面，啼声清亮。河道边的筑石底下长着嫩绿的青草，河埠头的条石铺开向水面。

在桥的右岸，十米开外，两间建于八九十年代的两层楼房前，一位妇女骑着电瓶车停在屋前，她那粉红色的头盔格外显眼。进屋，不出两分钟，随后，她的身影再次出现。我告知了来意，她大方地转身通知屋内人，说，进屋吧。堂屋内的采光充足，一位老者坐在一张简易的四方桌前，桌面上摆放着两样菜蔬和一碗米饭。老者个头中等，粗眉、历经风霜的脸，说话时中气十足，丝毫看不出老态。我们坐了下来。

他叫林梅富，八十二岁，务农，从小生活在这里。中闸桥在他眼里，是最平常不过的事物了。他说，听老辈人讲，朱文公建六闸，中闸、北闸、麻糍闸、琅岙闸……朱文公驻黄岩……桥头原有一块石碑上有记录，在禹王宫，另一块碑约在 70 年代沉入河里……原先桥中间一道空着是放闸槽的，人走过怕掉下去，后来填了……

如果说光阴是一面易碎的镜子，那么，流水会带走许多往事。在林梅富老人的堂屋内听他讲述，此刻，时光是流动的，具有水的形态。屋子内的摆设，乡邻之间的家长里短，都是我们熟悉的场景。后来，我们去了禹王宫，果然发现了那块只剩上部的残碑。"宋朱文公遗"，后面一字破损，"大清道光九年季秋，重修"。

马路上，老屋檐下的丝瓜藤垂了下来，碧绿的草叶间有两只小猫在嬉戏，憨态可掬。在禹王宫的门外，石头上摆放着一排演戏用的凤冠。禹王宫内的烛火摇曳。在禹王宫遮阳的天井底下，我们看见了一箱箱演越剧的戏服、道具，箱子上写着"临海市小百花越剧团"的字样。简陋的戏台两侧贴着一副对联：伟大功勋如日月经天千秋永在，光辉业绩若江河行地万古长流；横批：伟绩丰功。对联简明却耐人寻味。

北闸，朱文公的手笔

正午，我们赶往北闸村。北闸位于新河镇北闸村，始建于宋。《温岭县地名志》载其为"宋朱熹在此建六闸，因其地处北面第一闸，故名。"桥为二孔，东西走向，桥面长约14.42米，宽3.95米，孔跨度为4.18米。桥墩为石伸臂梁式结构，用仿拱形的条石分二级叠涩悬挑而出以承桥梁、桥面板，从桥墩共挑出0.83米，每侧每级共设6拱，拱顶为横条石，该条石侧面为斗形，顶层横条石开有槽口，应为置托木之用。在水流的上、下方各设分水尖。桥墩厚1.46米，长5.62米（包括分水尖）。闸槽宽0.155米，深0.13米，闸木长4.45米。桥台为石壁墩式，后砌翼墙，两侧由八字形金刚墙连接泊

北闸

岸。每孔桥面由2块桥梁和4块桥面板组成，桥梁宽0.29～0.34米，厚0.4米，长3.70米和4.54米，桥面板宽0.58～0.66米，厚0.26米。

在乡村公路上行驶，窗外的景色秀丽，自由的风走街串巷。在一处小店旁，靠边、停车，随后向店家打探。店主人——一位穿红花连衣裙的中年妇女很是热情，说转过屋后走几步就到了，她领我们过去。随行的还有两男一女，后来才知道他们是一家子——父母子女。他们惊讶于北闸桥的年代，竟然是宋朝，竟然是朱文公朱熹主持修建，有着八百多年的历史。子女是80

后，都挺健谈，说他们从小经过屋后的这座小桥，到对岸百米开外的小学上学，当时都没有在意，司空见惯了，没想到年代那么久远。河道泛着绿水，并不通船。这里的鲤鱼肥美，河巷的弯道处，经常会有人夜钓。

靠近河边的小屋内有个中年男人在用蒲草做草编，这也是当地的一大特色。一条绿道沿着河岸铺开，是村民的健身道。这一家子住在前排的楼房，原先的破屋还在。马路边棚架上丝瓜花的藤蔓垂了下来，嫩黄的小花醒目。田园里，紫色的喇叭花娇艳地开着。一丛鸡冠花开在桥头，是叹息抑或是赞美？在不远处，石佛山头的庙宇鹤立着，石佛寺是温岩两地的分界。

下卢闸，一群雀鸟掠过

下午一点半左右，我们在新河小学附近的饭馆用完午餐，经店家指点，步行两三百米，前往下卢闸。

下卢闸

下卢闸位于新河镇城北村瓜篓山附近，桥为二孔，东西走向，桥面长约 17.84 米，宽 3.43 米，孔跨度分别为 4.15 米和 4.60 米。桥墩为石伸臂梁式结构，用仿拱形的条石一级叠涩悬挑而出以承桥梁，从桥墩共挑出 0.43 米，拱顶为横条石，该条石侧面为斗形，开有槽口，应为置托木之用。在水流的上、下方各设分水尖。桥墩厚 1.60 米，长 5.31 米（包括分水尖）。闸槽宽 0.19 米，深 0.11 米，闸木长分别为 4.37 和 4.82 米。桥台为石壁墩式，后砌翼墙。每孔桥面由 2 块桥梁和 4 块桥面板组成，桥梁宽 0.26～0.27 米，厚 0.3 米，长 3.7 米和 5.40 米，桥面板宽 0.49～0.555 米，厚 0.26 米。

天际蔚蓝，绵白的云朵很轻。午后的阳光打在身上，有些松软。跟麻糍闸、中闸、北闸一样，下卢闸同样也是经过精心修葺的。桥面的石板很新，桥墩则古旧。附近的菜园、农田里，种着玉米、番薯、芋头、甘蔗等。农田里不可或缺的是河流的灌溉。在茂盛的田间地头，蜻蜓的羽翼透明，蝴蝶振动着黑翅。一群雀鸟掠过，在远处的枝头啁啾。

千年遗泽在三江

——三江闸

◎ 邱志荣

> **题记：** 三江闸是古代萧绍平原河网水系挡潮、排涝、蓄淡的枢纽水利工程，控扼萧绍平原水网水位。始建于明代，系我国古代最大的滨海砌石结构多孔水闸，也是水利工程建筑的美学精品。三江闸的建成标志着萧绍平原全局性的水系调整确立，钱清江成为内河，大量荒地改造为良田，同时，极大地改善了航运条件。

　　人人皆知现在的绍兴是文物之邦、鱼米之乡，却不知 2500 多年前，绍兴曾是一个受人诟病之地。《管子·水地》曰："越之水浊重而洎，故其民愚疾而垢。"古代绍兴府下辖山阴、会稽、萧山三县，坐拥钱塘江、曹娥江、钱清江三江，一遇连绵阴雨，三江上游所发洪水，皆至三江口，无数良田沦为沧海。是一座著名的水利工程——三江闸，把绍兴从地广人稀的斥卤之地变为土地膏腴的鱼米之乡。

　　三江闸是古代萧绍平原河网水系挡潮、排涝、蓄淡的枢纽水利工程，也是我国古代最大的滨海砌石结构多孔水闸，能控扼萧绍平原水网水位并能阻挡海潮上溯侵害田地。古三江闸开创了绍兴水利史上通过海塘和沿海大闸综合发挥水利效益的新格局，标志着萧绍平原一次新的全局性的水系调整完成。现代建造的新三江闸和曹娥江大闸，遵循的也是同样的治水理念。

　　作者：邱志荣，男，系中国水利学会水利史研究会副会长，中华水文化专家委员会专家，绍兴市鉴湖研究会会长。

水利不修岁比不登

有人说"未去江南前，以为西湖已是湖中首秀，再没有湖泊敢同它媲美。待到游览江南一周，才发觉山河之大，足以让人自惭形秽"。所指为在江南历史上留下惊鸿一瞥，却又如同流星般快速湮灭的鉴湖。

据《会稽记》记载，东汉会稽太守马臻主持修建的鉴湖上蓄洪水，下拒咸潮，旱则泄湖溉田，使山会平原9000余顷得以旱涝保收，民享其利甚巨。

然而，沧海桑田，鉴湖在南宋已渐淤塞、几近湮废，由此带来严重的后果：会稽山三十六源之水直接注入北部平原，原鉴湖和海塘、玉山斗门两级控水设施失效，变为全部由沿海地带海塘控制。平原河网的蓄泄失调，导致水旱灾害频发。而南宋以来，浦阳江多次借道钱清江，出三江口入海，进一步加剧了平原的旱、涝、洪、潮灾害。

为了减轻鉴湖湮废和浦阳江借道带来的水旱灾害，自宋、明以来，萧绍平原上的人们在兴修水利上付出了巨大的努力，如修筑北部海塘，抵御海潮内侵；整治平原河网，增加调蓄能力；修建扁拖诸闸，宣泄内涝；开碛堰，筑麻溪坝，使浦阳江复归故道等，有效地缓解了平原地区的旱、涝灾害，但仍不足以解决旱涝频仍，咸潮内入的根本问题。当时的水利形势，正如清程鹤翥《闸务全书》中罗京等《序》中所称："于越千岩环郡，北滨大海，古泽国也。方春霖秋涨时，陂谷奔溢，民苦为壑；暴泄之，十日不雨复苦涸；且潮汐横入，厥壤洿卤。患此三者，以故岁比不登。"

浙东运河通过钱清江的航运状况也堪忧："钱清故运河，江水挟海潮横厉其中，不得不设坝，每淫雨积日，山洪骤涨，大为内地患。今越人但知钱清不治田禾，在山、会、萧三县皆受其殃，而不知舟楫之厄于洪涛，行旅俱不敢出其间，周益公《思陵录》可考也。"

于绍之恩浩浩汤汤

"凿山振河海，千年遗泽在三江，缵禹之绪；炼石补星辰，两月新功当万历，于汤有光。"明代著名诗人徐渭为绍兴汤公祠撰写的题联，对汤绍恩建造三江闸和萧良干修缮三江闸的功绩给予了高度赞誉。汤公何许人也？工程又是如何破茧而出的呢？

汤绍恩，字汝承，号笃斋，明代四川普州（今安岳）人，生性恬淡，虽身居知府官位，但衣着饮食朴素，家中无侍妾。关心民生，"缓刑狱，务存恤，老疾者有养，贫弱者有贷，不能丧葬者，捐俸以助之。是以两期之间，民渐苏息"。充分信任下属，将粮储、水道、理刑之类公务，由僚属分别办理，自己总合管理。所以无案牍之劳，公庭之上又秩序井然。特别注重教育，翻刻教材发给儿童，塾师率学生拜见，则亲自授课，谆谆以圣贤之学教诲学生。并偕僚属和学生们一起学习冠、婚、投壶等礼节，又刻印礼仪程式颁发给读书人。

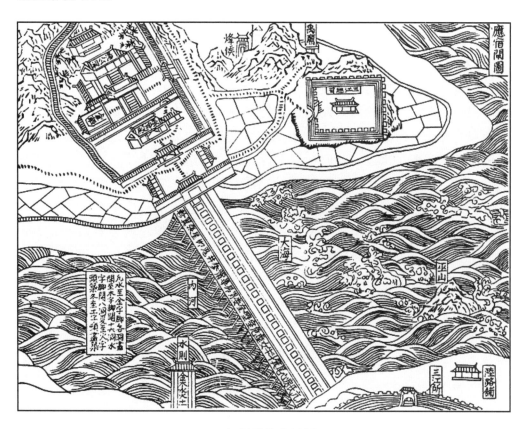

三江闸整体布置图

嘉靖十四年（1535年）汤绍恩由户部郎中出知德安府，同年任绍兴知府。当时，会稽、山阴、萧山三县之水，均汇三江口入海。"郡濒海，每受潮患，逢淫雨氾溢，决塘泄水，苗槁泉枯，且筑堤之役，殆无虚日，民甚苦之"。汤绍恩到任当年绍兴大旱，其带领僚属，徒步来到社庙虔诚祈祷。不久然天降甘霖，田里庄稼获得丰收。百姓歌颂道："汤为霖，年大有。"但绍兴水利的根本问题仍没有解决。汤绍恩走遍萧绍平原考察地理水道，"见波涛浩淼水光接天，目击心悲，慨然有排决志"。嘉靖十五年（1536 年）七月，汤绍恩毅然决定在钱塘江、曹娥江、钱清江三江汇合处彩凤山与龙背山之间建造三江闸，以彻底改变水旱频仍的局面。除请示浙江巡抚动用公帑，号召各级官员捐献俸禄之外，再捐私人资金。同时在山阴、会稽、萧山三县田地每亩征收四厘银子，共筹集六千余两，然后征集民夫，祭告海神后开工。

从当年七月开始工程备料，到次年三月三江闸竣工，历时不足 9 个月，而闸主体实际施工仅"六易朔而告成"，共费银 5000 余两。三江闸建成后，汤绍恩担心日后有倒塌崩坏之患，预备了一定的钱币藏之于府中，专用修闸之费。后来又购置闸田，收入用于支付闸工及日常维护。由专门的闸夫负责闸的启闭，在闸上游三江城外和绍兴府城内各立一石制水则，自上而下刻有"金、木、水、火、土"五字，以作启闭标准。全闸结构合理，建造精密，设施完备，具有较好的整体性和稳定性。

曾有在四川经商的绍兴人路过汤公家乡安岳，在一户人家门前休憩。一老者布袍细履，问商人来自哪里，商人说：浙江绍兴。老人近前问道：你们那里三江塘闸现在比以前若何？商人说：依靠闸门调蓄水位，人民衣食无忧都得益于三江闸，功德不朽啊。老人闻言没再言语。客商吃了饭，才知道这老人就是汤公。汤绍恩以布政使告老还乡，这时已经九十七岁了。

绍兴人民为纪念汤绍恩的不朽功绩，从明代万历年起就在府城开元寺和三江闸旁建有汤公祠，每年春秋祭祀。绍兴绅民多次上疏请加封号，清雍正三年（1725 年）敕封汤公为宁江伯。1987 年新建的连接三江闸左侧的大桥，被绍兴县人民政府命名为"汤公大桥"，以志纪念。

排灌顺畅膏壤自成

《郡守汤公新建塘闸实迹》载：三江闸建成后"潮患既息，闸以内无复望洋之叹"。

三江闸的首要效能，是切断了潮汐河流钱清江的入海口，"潮汐为闸所遏不得上"，最终消除了数千年来海潮沿江上溯给山会平原带来的潮洪咸渍灾祸。闸成后，又筑配套海塘 400 余丈，与绵亘 200 余里的山会海塘连成一线，筑成了山会萧平原御潮拒咸的滨海屏障。钱清江从此成为山会平原的一条内河，所处钱清江西北之萧山平原诸河也随之成为内河。从而形成了以运河为主干、以直落江为主要排水河道、以三江闸为排蓄枢纽的绍萧平原内河水系。

　　三江闸建成，萧绍平原河湖网成为内河。据测算，山会海塘内的山会萧平原面积（黄海高程 10 米以下）约为 965 平方公里。其中，河湖网水面约有 142 平方公里，占 14.7％；平均水深 2.44 米，正常蓄水量可达 3.46 亿立方米。河湖网既是南部山水下泄的滞洪区，又是旱季平原抗旱的主要水源，为萧绍平原的社会经济、生产生活提供了水资源基础。

三江闸

　　三江闸将钱清江流域纳入控制范围，成为萧绍平原整体的排涝枢纽。闸全开时，正常泄流量可达 280 立方米/秒，能使绍萧地区 3 日降水 110 毫米暴雨排泄入海安全度汛，从而彻底改变了决海塘泄洪的被动局面，使"水无复却行之患，民无决塘、筑塘之苦"。

　　三江闸改善了绍萧平原河湖网的蓄水状况。由于大闸主扼运河水系出海的咽喉，可以主动控制蓄泄，因而在一般情况下，均可闭闸蓄水，或开少数闸门放水，保持内河 3.85 米（黄海高程）的正常稳定水位，以提高平原河湖的蓄水量，满足灌溉、航运、水产和酿造的需要，正如《康熙会稽县志》记载的："旱有蓄，潦有泄，启闭有时，则山会萧之田去污莱而成膏壤。"

　　建闸前，钱清江之北、山阴海塘之南，今柯桥区下方桥、安昌一带的塘内之田，因受钱清江潮汐祸害，垦种不易，有的甚至弃之为荒。闸成后，钱清江成为内河，荒地始可全面开垦，"塘闸内得良田一万三千余亩，外增沙田沙地百顷"，这对于人多田少的绍兴来说更是一笔宝贵的财富。

消除了鉴湖时期湖内外及平原河流与潮汐河流之间的水位差。闸成后，西起曹娥东至西兴的浙东运河段，从此"路无支径，地势平衍，无拖堰之劳，无候潮之苦"，极大改善了航行条件。

水 利 丰 碑 功 莫 大 焉

三江闸是我国古代的著名滨海名闸，是绍兴水利史上的一座丰碑，也是我国明代滨海水闸建筑科技和管理最高水平的代表工程，历470余年屹立于今。"浮山潜脉隐限钱清入海之口，引为闸基，上砌巨石，牝牡相衔，弥缝苴罅，惟铁惟锡，挽近西土工程，共夸精绝。以此方之殊无逊色，而远在数百年前有兹伟划，尤足钦矣！"

闸位于玉山斗门以北约3公里的泄水要道上，地处彩凤山与龙背山两山对峙的峡口，不仅闸基是天然岩基非常稳固，而且濒临后海，泄水极为顺畅，选址非常科学。

在钢筋混凝土大规模应用于水闸建设之前，三江闸为世界上规模最大的滨海涌潮地段的砌石重力闸坝，其技术与管理理念领先世界300多年。

三江闸的基础处理相当严谨，在天然岩基上清理出仓面后，置石灌铁铺石板，施工方法"其底措石，凿榫于活石上，相与维系"，再"灌以生铁"，然后"铺以阔厚石板"，底板高程不一，多数在黄海1.92米左右。

三江闸的闸墩、闸墙全部采用大条石砌筑，每块条石多在1000斤以上，多在10层以上，石与石"牝牡相衔，胶以灰秫"。"叠石为坊，渐高渐难。或曰砌石一层，封土一层，石愈高，则土愈高阔，后所欲加之石，从土堆拖曳而上，则容足有地，而推挽可施，梁亦易上"。闸墩顶层履以长方体石台帽，上架长条石，铺成闸（桥）面，"闸上七梁，阔三丈，长五十丈"，以增强闸的整体性和稳定性，也利于闸上交通。墩侧刻有内外闸槽各一道，放置双层闸门，既利启闭和更换闸板，又可在闸门中间筑土以止枯水期漏水。闸底设内处石槛，以承闸板（各洞总有木闸板1113块）。计有大墩5座、小墩22座，每隔5洞置一大墩，惟闸西端尽处只3洞，因"填二洞之故"。

三江闸左右岸全长103.15米，面宽9.15米，28孔，总净孔宽62.74米。由于天然岩基高低不等，孔高也不一致，深者1.54米，浅者3.4米，孔宽也略有差异，在2.16~2.42米之间。孔名系应天上星宿，故三江闸又称

三江闸遗址

应宿闸。汤绍恩建闸时，人们还难以控制海潮，必须祈求上天的力量与之抗衡。因此各闸孔名取自 28 星宿，与天象密切结合。祈求大闸给人以一种深邃的力量，天、地、水、人、神合一之感，这是一种超凡脱俗的杰出创造。三江闸的总体布局严整美观，主次分明，轴线贯通，层次井然，整体性强，是水利工程建筑上美学精品的巧妙构思。

三江闸建成后又在闸之西边建"新塘"，"长二百余丈，阔二十余丈"。这是一个河道改道工程。新塘处是原河道出海口，由于三江闸建在新的山脚处，建成后必须对原老河道实行封堵，使水归三江。《郡守汤公新建塘闸实迹》记载了建新塘的工程过程和艰难，首要困难是在潮浪汹涌的入海口修筑，尤以封堵龙口更为凶险，屡筑屡溃，后采用"篚盛瓷屑及釜犁等铁，破筏沉之"。"以石灰不计其数投之……复以大船载石块溺水，并下埽填筑，筑起而溃者，亦难数计"。终获成功。此新塘"其工之不易为与费之不可限，尤甚于闸。五易朔而告成，水不复循故道而归于闸矣"。至此萧绍平原出现了"河海划分为二"的水利新格局。

三 江 新 闸 再 创 辉 煌

明万历十二年（1584 年），绍兴知府萧良干主持第一次对三江闸大修，工程完成后集三江闸运行 47 年之经验，制定三江闸第一个较完备的管理制度《萧公修闸事宜条例》。详细规定三江闸的管理系统，可操作性强，对之后三江闸等水利设施管理产生了重要的影响和借鉴作用。三江闸的管理也是绍兴政府水利管理的主要内容之一。

自明万历十二年（1584 年）至民国 21 年（1932 年），共进行过 6 次大修。明末清初，钱塘江下游江道北移及曹娥江东摆，闸外泥沙日积，排水受阻。至 20 世纪 70 年代，已不能发挥正常效益，甚至无法启闸泄流，至 1972年，三江闸在运行 435 年后失去作用。1977 年经省水电局批准兴建新三江闸。1988 年拆除古三江闸闸面以上启闭房，拆低闸墩，闸面改筑成公路路面，改称老闸桥。

新三江闸是大型滨海排涝闸，位于老三江闸下游 2.5 公里处，是继老三江闸后统领萧绍平原水网蓄泄的枢纽工程。该工程由绍兴县水电局设计和组织施工，1977 年 11 月动工，1981 年 6 月 30 日竣工。新三江闸建成后，与之相配套的河道配套工程也陆续进行。新三江闸河道由总干河、西干河与东干河组成，形成以三江闸为枢纽的自西向东、由南而北的排水系统。

新三江闸共 15 孔，每孔净宽 6 米，总净宽 90 米，连同闸墩总宽 158 米，设计正常泄水流量 528 立方米/秒，最大泄水流量 1420 立方米/秒。新三江闸的建成，扭转了建闸前平原旱涝频仍的被动局面，给萧绍平原带来了显著的工程效益，缓解了平原的内涝与干旱，使平原内河水位比较稳定地保持在正常水位，有利于农田灌溉和水产、水运等工农业生产以及人民生活品质的提升。

跨越千年的守护

——钱塘江海塘

◎ 裴新平

> **题记**：钱塘江海塘位于钱塘江河口两侧，北接太湖平原，南连宁绍平原，是钱塘江河口两岸平原的防台、御潮屏障。自有人类在钱塘江两岸活动，就与海洋有着密切的联系，私人的筑塘开垦早已存在，但见诸文字的且为官方的建塘活动，据《水经注》记载始于东汉。钱塘江是世界公认的世界三大强涌潮河流之一，泛溢的海潮曾给两岸民众带来巨大的灾难和无尽的伤痛，涌潮带来的泥沙形成了钱塘江两岸高地，修筑海塘开垦滩涂是人们开拓生存空间的重要手段，也是保护富庶的太湖平原免遭海水倒灌的保障，历史上曾采用竹笼石塘、柴塘、鱼鳞石塘等多种海塘形制。

从万米高空看钱塘江，是一种什么样的体验？气卷万山一线潮，海上蟠龙镇惊涛。壮美磅礴的钱江潮，是大自然赋予人类的奇观。但千余年来，钱江潮所引起的堤岸崩坍、江海横溢等，也给当地百姓带来了巨大的灾害。如何破解这一矛盾？勤劳善良、聪慧勇敢的炎黄子孙，通过在钱塘江沿岸修筑起一道屏障——海塘，与大自然作搏斗，并渐渐与大自然达成和解。这座事关一方安危的人工屏障，是如何修筑起来，如何改进完善，又是怎样跨越千年守护百姓平安祥和的呢？

作者：裴新平，女，浙江水利水电学院教师，从事水文化宣传及研究工作。

萧山区美女坝海塘钱江潮

低 调 的 守 护 神

　　生活在钱塘江畔的你，可曾体验过扫一辆单车，在钱塘江堤上一路骑行？当清晨的第一缕阳光斜铺过来，你瞧着江中弄潮儿依然睡眼惺忪时，钱塘江堤迎向太阳那一面，已借着映天的红霞，露出了古铜的肤色和粼粼的光芒。它早已打起了精神，准备开始新一天的守护之路。钱塘江堤，就是那白天岿然屹立顽强抵御凶险潮水撞击，夜晚能安然守护星辰的钱塘江海塘大堤。

　　八月十八潮，壮观天下无。天下奇观钱江潮总是能在第一时间锁住世人的目光，而钱塘江两岸的海塘却一直保持沉稳低调的形象，以致于很多人往往只认识它是一条合适休闲运动的最美沿江大道而已。人们不知道，钱江江作为国际地理学界公认的"世界三大强涌潮河流"，千百年来，潮水曾给两岸民众带来巨大的灾难和无尽的伤痛。

　　翻开《浙江通志·海塘专志》，早在唐朝就有钱塘江潮灾的记载："大历十年（775年），七月十二日夜，杭州大风，海水翻长潮，飘荡州郭五千余

钱塘江鱼鳞塘海宁丁桥段

家，船千余只，全家陷溺者百余户，死者数百余人。"明、清及民国时期，平均四年就有一次潮灾，明代潮灾记录共有 62 次，清代潮灾记录共有 49 次。最为惨重的一次，发生在明崇祯元年（1628 年）七月二十三日。《明史》记载："杭、嘉、绍三府海啸，坏民居数万间，溺数万人，海宁、萧山尤甚。"《康熙会稽县志》《嘉庆山阴县志》均有绍兴府城"街可行舟"的记载。

为抵御大潮入侵，保两岸安宁，历代王朝和民国政府采取过不少措施，最终修筑海塘成为历朝历代抵御潮灾的共识，这也是人类尊重自然、敬畏生命，与自然和谐共生的生动实践。正是因为有了海塘的护卫，大家才得以安然自得地享受壮美的风光和闲适的生活。

揭开钱塘江海塘的面纱

东汉许慎《说文解字》载："塘，堤也。"海塘就是海堤。钱塘江海塘是钱塘江河口由人工修建的防洪、防潮江堤，是保护太湖平原（包括杭嘉湖平原及苏州、无锡、常州等）、宁绍平原免受洪、潮侵袭的屏障，是我国古代著名的水利工程之一，与长城、大运河并称为我国古代三项伟大工程，被誉为"海上长城"。

钱塘江北岸海塘

"黄河日修一斗金，钱江日修一斗银。"钱塘江海塘历来由朝廷出钱修建，那么其修筑是从何时开始的呢？

北魏郦道元《水经注》卷四十记载："《钱唐记》曰：防海大塘在县东一里许，郡议曹华信家议立此塘，以防海水。始开募有能致一斛土者，即与钱一千。旬月之间，来者云集，塘未成而不复取，于是载土石者，皆弃而去，塘以之成，故改名钱塘焉。"这是首次出现有关海塘的较为详细的记述。据传，汉代这位叫华信的地方官组织百姓于公元206年建成的这条土塘，是我国历史上有记载的第一条土塘。

如今，钱塘江临江一线封闭线总长480公里，除去山体，海塘总长467公里，分属杭州、绍兴、宁波、嘉兴四市。现存明代以来修筑的老海塘塘线总长317公里，除去山体，海塘实长280公里。

钱塘江海塘位于钱塘江河口两侧，北接太湖平原，南连宁绍平原，钱塘江海塘又分为南岸海塘与北岸海塘，北岸海塘即浙西海塘，自杭州市西湖区转塘镇狮子口起，经杭州市区到海宁、海盐至平湖金丝娘桥与江南海塘相接。南岸海塘因有曹娥江汇入钱塘江河口分为两部分，江左为萧绍海塘，起自杭州市萧山区临浦镇麻溪山，穿越滨江区和绍兴县境，止于上虞市嵩坝口头山。江右称百沥海塘，自上虞市百官镇龙头山到夏盖山西麓。山之东为浙东海塘。

因近现代江道变迁、治江围垦等原因，海塘被分为直接临江的海塘和不再直接临江的海塘两部分。从保存现状来看，除了北岸海宁、海盐及南岸萧山等地区因为直接临江，很多海塘至现代还在使用，构造保存较为完整。其他地区因江道变迁，海塘退居内陆不再临江的，多被平毁、淹没或作为乡村道路使用。

海 盐 海 塘 的 新 生 命

这段海塘之上，常年有一群摄影发烧友驻扎。每当光影流转、霞光如梦时，海盐海塘的气质将非同凡响。它就像一位满腹经纶的老者，一光一影都告诉我们，海盐两千多年的历史是一部与海潮作斗争的历史。自古以来，海盐潮患不断，在海塘修筑方面涌现了许多水利名人和治水故事。明初，海盐筑塘成了浙江修防重点。嘉靖年间浙江水利佥事黄光升总结前人筑塘经验教训，首创五纵五横鱼鳞石塘。此后直至清代，人们大多采用此筑塘法。当你漫步海塘之上，在那些历经风蚀雨淋潮涌依然坚固如初的石块上，依稀可见历史的痕迹。它们犹如一道道"胎记"，记述了海盐海塘的古老历史。

海盐南台头黄光升雕像

如今，古老厚重的鱼鳞海塘焕发出崭新的生命力。2018 年年底，海盐鱼鳞海塘水利风景区的名字赫然出现在水利部公示的第十八批国家水利风景区名单上，钱江下游、东海之滨再添美丽风景，它是全国首个以"海塘"为主题的国家级水利风景区。海盐鱼鳞海塘风景区濒临杭州湾，位于海盐武原街道东部，东到海塘外水域 70 米，南到海塘文化公园，西至绮园路，北至盐北路。该风景区属于城市河湖型水利风景区，景区面积 3.3 平方公里，其中水域面积 0.46 平方公里，一线海塘 5.728 公里，有"华夏第一古海塘"之美誉。

海宁海塘的地标意义

每个城市都有独特的记忆，什么最能代表海宁呢？2018年年底，海宁官方首次发布"十大地标"，排名第一的就是盐官海塘。沧海横流，万马咆哮。每年八月十八，海宁盐官观潮亭一带总是万人攒动，就等由远及近、由盼望到激动的海潮到达的那一刻。这里的潮最具观赏性，这里的海塘修筑也最具紧迫性和挑战性。海宁地处钱塘江入海口北岸，正是钱塘江涌潮最大处，也是潮患最严重之地，所以海宁海塘是整个钱塘江海塘中最重要的一段，也是最为典型的一段。海宁的得名，也因地处海滨，寓祈求海涛安宁之意。

海宁钱塘江鱼鳞石塘

海宁段海塘西起翁家埠与余杭交界处，东至高阳山与海盐县接壤，全长53.6公里。海宁海塘肇建于唐，后世皆有兴筑，其中以清康雍乾三朝修筑规模最大，是当时重要的国家工程之一。经过乾隆朝的迭兴大工后，海宁海塘形成了由主塘、护塘建筑和附属设施等组成的纵深型御潮体系，这是中国古代最为完备的海塘御潮体系。海宁海塘亦以鱼鳞石塘为主，塘身高20层，现存鱼鳞石塘始建于清乾隆二至八年，是清代御潮捍海的主要塘型。

命运多舛西江塘

西江塘因为在萧绍平原西端，所以得此名。起自西兴永兴闸，由西向南经长河、浦沿、闻堰、义桥、临浦，止于进化麻溪坝，全长31.25公里，是历史上保护萧绍平原免遭钱塘江、浦阳江水患的一项重要水利工程。

来到闻堰镇黄山村的"水利堂"，再漫步西江塘，人们可以感受到西江

萧山义桥西江塘

塘的"命运多舛"。西江塘是千百年来分段陆续建成的。在唐代，西兴至冠山、半爿山已有部分江塘。五代后梁开平四年（910年），吴越王钱镠修筑西兴篓石塘，并将沿江堤塘加固连接。北宋修建了小砾山附近堤塘，外御江湖，内蓄湘湖。明成化年间（1465—1487年），太守戴琥又筑坝于麻溪，在渔浦至麻溪筑土塘12.5公里，后逐渐加固延续，明清年间又经过10多次重大修建。

北海塘的华丽转身

弯弯曲曲、青苔叠嶂，漫步北海塘，只要用心去发现，就能在最大落差有十几米的地方观察到堆放得横竖有序的灰黑条石，它们有着历史的味道。北海塘全长共约41.44公里，分东、西两段，东段由萧山瓜沥至绍兴斗门老三江闸止，北海塘的塘头，指的就是瓜沥塘头，西段自瓜沥至西兴固陵关，总称北海塘。由于北海塘潮水大，水势凶猛，屡建屡毁，几千年来水患未断，严重危害两岸百姓的安危。人们就不断地筑塘御潮，北海塘的最早形成约在两千多年以前的越国时代。到唐武后垂拱二年（686年）北海塘进行了

瓜沥北海塘遗址

全面修筑，是初具规模的防洪塘堤。

现存北海塘遗迹系明代洪武年间建造，由于建筑合理，具有一定科学性，被海水冲毁较以前相比大大减少。清乾隆十二年（1747年）钱塘江江流改道形成了大片"沙地"，也结束了过去坍涨不定的局面，今天萧山沙地的形成也源于此。萧山人民的围海造田也使北海塘逐渐失去了昔日抗洪防御的作用，仅作为一个古迹存在。北海塘的修筑，是萧山围垦历史的开始，是人类与自然灾害斗争的典范。如今，从空中俯瞰北干街道荣星村北海塘，经过保护、规划和配套建设，昔日的古海塘焕发了新的生机，宛如一条多彩长龙，成为城市一道美丽的景观。

跨越千年的技艺切磋

为抵抗潮水侵袭，历朝历代的劳动人民不断改进钱塘江古海塘的建造工艺，经过长期的实践，演化出各种不同的海塘形制。钱塘江海塘的建设发展过程，也是中国海塘工程技术史的形成过程。

竹笼石塘。 1983年夏，在杭州江城路立交桥掘土施工中，发现一处古代海塘遗迹。经与史书记载对照，有专家认为，这条古塘正是吴越国王钱镠所创筑的杭州捍海塘。沉睡地下十个多世纪的古塘建筑得以重见天日，这是迄今为止我国发现的最古老的海塘遗迹。据记载，钱王治国，最头疼的一件事就是钱塘江两岸海塘的修筑问题。由于钱塘江潮的潮头极高，潮水冲击力量又猛，因此钱塘江两岸的海塘，总是这边修好，那边已经坍塌。

为护佑一方黎明百姓，钱王发明了竹笼石塘的修筑工艺。该工艺将大小比较均匀的石头置于圆柱形竹笼之内，垒叠成堤以御潮水。竹笼石塘重而不陷，硬而不刚，散而不乱，特别适宜于粉砂土的地基。该工艺优点是就地取材，施工简便，抗潮能力明显优于土塘。梁开平四年（910年），钱镠征集大批军民，在钱塘江边修筑了一条竹笼石塘，建成一百多年后仍基本完好。这是海塘建筑技术上的一大创举，在中国古代海塘工程发展史上具有划时代的进步意义，对后世影响深远。

柴塘。 宋朝建立之后，浙江逐渐富甲东南，但钱塘江北岸的潮势却日渐转烈，旧堤塘年久失修，难以抵御潮患。在宋大中祥符五年（1012年）的一次大风潮中，西北堤岸崩决，杭州城危在旦夕。人们开始用钱镠的旧法筑塘。然而，竹笼石塘因大量采用竹木，竹木久泡水中易腐朽，必须经常维修，靡费劳民。且散装石块缺乏整体性能，无力抵抗大潮，新修的竹笼石塘不出数年即毁。转运使陈尧佐与杭州知州戚纶针对海宁一带地基软弱、承载力低的弱点，借用黄河河工中的埽工技术，以薪土相间夯筑的方法，创筑了柴塘。柴塘的塘基铺以埽牛，成为整体筏基，塘土"层土层柴"夯实并用木桩加以联结，大大提高软土地基的承载能力，增强了塘身的抗滑性能。柴塘自身重量轻、富有整体性和柔韧性，抗冲能力大大强于普通土塘，能经受潮浪冲击而不溃。在地基特别软、潮流又很强劲的地段成为一种极有价值的塘工形式。

立墙式叠石塘。 景祐年间，新一轮潮灾威胁杭州。景祐三年（1036年），杭州知府俞献卿调大批人力，筑江堤数十里。景祐四年（1037年），转运使张夏鉴于柴塘易损坏，自六和塔至东清门，用新法筑石堤12里，纯用巨石砌成。庆历四年（1044年），大风驱潮冲击，新石塘屹立不倒。此为钱塘江最早的"立墙式叠石塘"，是海塘建筑技术上的又一次关键性改进，成为后来各类直立式石塘的先导。

斜坡式海塘。 明代海塘以海盐为重，政府对修筑东南海塘始终非常重视。当时海盐一线潮势强烈，海岸坍塌日益严重，成为海塘修筑的重点。在明统治的276年中，修筑海盐、平湖一带海塘20多次。不断的实践摸索，对海塘修筑技术的发展起到了积极的推动作用。明成化十三年（1477年），按察副使杨瑄在海盐筑石塘2300丈。他仿宋代斜坡式海塘旧法，结合叠砌法予以改进。以竖石斜砌，并在内侧用碎石和土塘进行支撑。其塘身斜向江底，如此既稳固，又可减少海潮冲击力量。明代以后的海塘筑法都是在这一方法基础上的改进和发展。可以说，斜坡式海塘法与叠砌法的综合运用是明代在海塘技术上的最大贡献。斜坡式石塘又称"坡陀塘"，是在土塘迎水面上用条石护坡的一种海塘形式，是对斜坡土塘的一种改进。典型的坡陀形石塘是北宋王安石创建的，因而也被称为"荆公塘"。筑法是：先打木桩奠基，基桩上置横石为枕；再用片石循序竖砌；砌完一排片石，又置一条横石，以横贯纵。里面用碎石填垫，塘背以土培筑。

鱼鳞塘裸露的马牙桩

鱼鳞石塘。 嘉靖二十一年（1542年），黄光升在海盐主持修筑海塘。他调查研究了海盐凶猛海潮的特点，认为海塘易塌的原因是"塘根浮浅""外疏中空"。于是其兼采前代各家之长，结合实际，设计出一种重型直立式石塘——五纵五横桩基鱼鳞塘。石塘全部用整齐的长方形条石以块块纵横交错，自下而上垒成。每块条石之间凿出槽榫，用铸铁嵌合起来。合缝处用油灰、糯米浆浇灌，因其迎水面条石逐层微微内收，一层压着一层，呈有规则的鱼鳞状，所以俗称鱼鳞石塘。又因其塘基部分采用五纵五横的砌石方法，故又称五纵五横鱼鳞塘。从打桩奠基到砌筑塘身，每一道工序均有章法，每一层塘石布置，各有程式。因此整个海塘极其坚固，具有很强的整体性、稳定性和防渗漏性，能抗御强劲潮浪的冲击，久而不溃。黄光升筑塘法的发明，使我国海塘工程技术更加系统完善，并趋于成熟。乾隆初（1737—1743年），大学士嵇曾筠主持建筑海宁鱼鳞大石塘6900多丈，并对海塘技术作了重要改进。此后，政府又多次筑海宁塘。鱼鳞大石塘终成护卫杭州湾的主要塘型，其塘身坚根固，足抵万钧之浪，传统海塘工程技术至此达到最高水平。此后海塘基本沿袭乾隆时的形制，近百年无重大损坏。

丰富的建筑遗产

钱塘江海塘历经千年，历久弥新，首先给人们留下的就是有形的建筑文化遗产，如海塘及其附属水利建筑如闸桥、涵洞、码头等，它们是钱塘江海塘文化的主体。关于钱塘江的种种传说，亦是非常珍贵的文化遗产。如庙宇、神殿、碑刻等，还有海塘沿线建造的镇压邪神的建筑和物件，如杭州六和塔、海宁盐官占鳌塔、黄湾镇安澜塔、镇海铁牛等，都是宝贵的建筑文化遗产。

璀 璨 的 文 化 明 珠

　　跨越千年的钱塘江海塘，不仅在抵御凶猛的潮水时表现出极大的热情，还在每一个平静祥和的日子里，向世人诉说着动人的故事，散发着千年文脉的魅力。从唐代的孟浩然、刘禹锡，宋代的苏轼、潘阆，到现代的丰子恺等，历代不乏以钱江潮为对象的诗文书画艺术作品。钱塘江海塘的历史孕育了民间盛行的风俗习惯。钱塘江两岸的人们口口相传关于海塘的一系列传说、故事、谚语、号子、歌谣等文化事象，其内容涉及地名、人物、风物、俗语等，几乎涵盖了民间口头文化的所有领域。既有钱塘江海塘民间传说，如华信筑塘、钱王射潮、铁牛镇海等。又流传下来一大批钱塘江海塘民间故事，这些故事主要指钱塘江海塘为题材的散文类民间口头文学，如"十斤钱塘"的故事等。钱塘江畔的百姓，还养成了特定的民间信仰民俗，如潮神信仰、海塘敬神祭祀习俗、海塘镇潮习俗等。

　　钱江潮是世界三大涌潮之一，被誉为天下第一潮，弄潮是钱塘江流域流传下来的一项十分重要的民俗活动。宋代潘阆有诗《酒泉子》曰："长忆观潮，满郭人争江上望。来疑沧海尽成空，万面鼓声中。弄潮儿向涛头立，手把红旗旗不湿。别来几向梦中看，梦觉尚心寒。"弄潮儿勇立潮头、奋勇搏击的精神，不仅支撑着历朝历代炎黄子孙

民国时期海盐钱塘江海塘丁坝群

永恒一心、修筑海塘、护卫百姓，也孕育了干在实处、走在前列、勇立潮头的浙江精神。

　　一部钱塘江海塘的发展史，正是一部浙江人民的奋斗史。

城塘合一的追忆
——镇海后海塘

◎ 项杰

> **题记：** 宁波镇海后海塘是镇海、江北地区的重点防潮设施，也是御敌工事。始建于唐，清代乾隆年间镇海知县王梦弼创造性地兴建了夹层石塘，考虑到镇海县城地处甬江口军事要地，以及在台风侵袭时巨浪从塘基翻越塘面进入城内等因素，将原先的"外塘内城"改造成为"下塘上城"。后海塘不仅保护了镇海城，也直接围垦了海涂，见证了沧海变桑田。

巾子山上吊先贤

几场潜度的雨，几片暗坠的叶，使得天气渐渐地凉爽起来，缓步下楼，便能感受到季节的变化。蝉声早被秋风吹散，倒还能听到些许秋虫的鸣声。"蟋蟀独知秋令早，芭蕉下得雨声多"，秋天就这样来了。连续几日秋高气爽的天气让我感觉很惬意，如此时节去城区周边走走看看是比较好的选择。于是放下手中的琐事，在一个秋日的早晨开始了我的海塘之行。

出了门，从刻有"海上丝路起碇港"巨石及"万斛神舟"停泊处，我沿着甬江一路向东漫步，行至沿江东路尽头，往西，不远处，见一座两层

作者：项杰，男，系浙江宁波市民间文艺家协会新故事专委会委员、宁波市作家协会理事，宁波市市级非物质文化遗产继承人。

镇海后海塘古城墙

歇山顶式的城楼于两山之间。停步，见楼匾上赫然有三个烫金大字"钩金楼"。于是，我放慢脚步，沿着钩金楼旁的石阶，拾级而上，眼前是一个翘角飞檐的八角亭，名"沧桑亭"。紫红色的亭柱上有一副楹联，上联是"源探南宋将军刃学士文当须赞叹"，下联是"典溯东晋王远言葛洪帙尽管俳诙"。亭中矗一石碑，碑上镌有篆书"宋太傅越国公"和行草"张世杰纪念碑"字样，碑后有全祖望《张太傅祠堂碑记》。

张世杰与陆秀夫、文天祥并称"宋亡三杰"。南宋虽然覆亡，但因为有此"三忠"，南宋虽惨败却是十分悲壮。面对着外族入侵和压迫，勇士们拼死抵抗，为争取民族生存、自尊、自卫而英勇献身，义无反顾，闪耀着爱国主义的光辉。亦因如是，以张世杰、陆秀夫、文天祥"三忠"为代表的义士受到历代崇仰。蔡东藩《宋史通俗演义》结句诗云："一代沧桑洗不尽，幸存三烈尚流芳。"

沧桑亭下，曾是镇海潮涨汐落、沙鸥翔集、锦鳞游泳的一片滩涂，涨潮时，海浪会拍打到亭中。然待潮水退尽，则露出大批海涂，靠海吃海，赶海人会借此亭遮风挡雨以候潮。大伙三五成群，坐在石凳上，聊天闲谈，待潮水渐渐退去，才拎着篮、桶，下海涂拾泥螺、柯青蟹、捡海瓜子等，收获海产品，养家糊口。而今此处已围塘成陆，供人们晨练休憩，登高望远，或拊膺怀古，或凭栏而望，顿生沧海桑田之叹。

千年沧桑话海塘

隔着"钩金楼"，巾子山、招宝山两山对峙，此山因"山形卓立，形如巾帻（古代书生帽）"而得名。从巾子山麓向西，便是城塘合一的镇海后海

镇海后海塘塘体

塘。后海塘塘体蜿蜒伸展，全长4.8公里，塘面宽3米，高9.9至10.6米。远远望去，雄浑巍峨的石砌海塘气势非凡、雄伟壮观，令人叹为观止。

沿着后海塘一路往西。只见右侧塘下护城河波光粼粼，水草丛生；左侧的城道上则花影婆娑，绿树成荫。一路走去，时不时还能看到城塘上架着的"古炮"，在日光下泛着厚重的光晕。清乾隆癸亥年浙江巡抚纳兰常安曾题威远城联云："踞三江而扼吭，看远近层峦秀耸，碧浪潆洄，永固浙东之锁钥；俯六国以当关，任往来宝藏云屯，牙樯林立，会同海岳之共球。"足见素有"浙东门户""海天雄镇"之称的镇海，其地理位置之重要。

镇海古称浃口，夏属扬州，周为越地，汉设防，晋立戍，唐置镇，梁建县。从唐代以后，先后改名叫望海、静海、定海、镇海，名称改来改去，都没有离开一个"海"字。

"海神东过恶风回，浪打天门石壁开。浙江八月何如此，涛如连山喷雪来。"唐代诗人李白曾如此浪漫地描绘过浙东沿海海潮的雄伟。但事实是海潮给镇海百姓带来过极大的灾难，远没有诗人笔下的浪漫。潮患屡至，导致镇海城内"水泉咸苦"。据传，镇海百姓为了与海抗争，于唐乾宁四年（897年）修筑过一条土海塘，距今已有一千余年历史。这条海塘，不只保护了镇海城，也直接围垦了海涂，并在种植脱盐植物之后成了良田，这条土塘见证了镇海沧海变桑田的变化。

青 史 留 名 筑 塘 人

从唐朝直至民国期间，历朝历代所建的海塘在一次次地坍塌，又一次次修复，书写了唐叔翰、施延臣、陈文、王及贤、端聚、何公肃、汤和、胡观、刘翱、宋继祖、祝完、唐鸿举、田长文、王梦弼、郭淳章、周正祥、朱彬绳等修塘人守护田园的功绩。特别是乾隆十三年（1748年），镇海知县王梦弼，操守廉洁又勇于任事，颇受百姓爱戴。在镇海，他在任七载，创造性地兴建了夹层石塘。

夹层石塘又称堵缝镶榫塘，用厚石两面各留一寸，斜铲六寸成槽。一横一竖深埋入土。在横竖两边各凿方槽、石榫，连接成带状，全塘匀排七带，镶入六路幔板，板的两头嵌入龙骨槽内。石板琢磨六面平光，使得实掭紧缝。下加衬板一层，骑缝贴砌，底夯块石并钉顶桩。共石四合，胶以稠灰。塘外用关石排桩固定，塘口扣住回浪立石，上下嵌成一片，不让塘土随水抽出。这种塘型非常牢固，在浙江也仅仅在这里才能见到。

王梦弼还前瞻性地考虑到镇海县城地处甬江口军事要地，以及在台风侵袭时巨浪从塘基翻越塘面进入城内等因素，将原先的"外塘内城"改造成为"下塘上城"，塘直高2丈，斜高3.6～3.9丈不等。在城塘上建了雉堞、安置了12座警铺、增设了25尊大炮等防御敌寇的设施。修塘期间，王梦弼始终躬亲巡视，不辞辛劳，殚精竭虑，功绩卓然。其夹层塘设计之精湛，工程之浩大，为浙江省沿海所罕见。此次改造历时三年，改造后的城塘防浪御敌能力，在全国也是屈指可数。之后近百年未曾大修，其牢固经风浪考验，安然无恙。塘成，时任浙江巡抚方观承（1698—1768年）巡视后，尚虑其险，又捐帮土戗五尺及钉底桩、砌坦水以护塘根，使塘更为坚固。"城塘合一"不但加固了海塘的牢度、高度，而且大大加强了防御工事。其塘体蜿蜒伸展，犹如一条苍龙蟠伏于东海之滨，气势非凡，雄伟壮观。王梦弼在修筑海塘中不但创设夹层石塘成为全国首例，还节约了大量建设资金，用余款修筑了钩金塘等塘。

钩金楼

说到钩金塘，其实就位于前文提到的"钩金楼"这个位置，巾子山与招宝山之间。钩金塘的历史可以追溯至宋代。镇海县志记载，钩金塘与后海塘原为一体。此塘的原址为镇海东城河出海的一道河口。北宋时期，招宝山与镇海内城隔断后，大潮汛一来，潮水会从东北方向灌入城内，为了挡住海水倒灌，当时驻守的官兵与当地民众几经努力，在此建筑了一条土塘，该土塘旧称涨河塘，塘身低矮，俗称"草绳塘"，后称钩金塘。清乾隆五年（1740年），筑块石塘，因塘身低，于清乾隆十二年（1747年）遇大风潮，再次被毁。乾隆十三年（1748年），王梦弼用修后海塘的余款修筑立式鱼鳞混合石塘十六丈，以挡海潮。

丛 塘 枕 海 岁 悠 悠

后海塘自建成以来，历经狂风巨浪，塘数次坍塌。清道光十七年（1837年）以来又屡遭飓风恶浪，土石溃决，不得不几经整修、改建、加固。民国10年（1921年）秋，西北风大作，海浪受风冲激，撞击海塘，塘基岌岌可危。县知事盛鸿焘召集乡绅设立塘工协会，号召中西人士在上海募集资金。后又得浙海关税务司甘福资助，到第二年八月海塘修复工程完工。

中华人民共和国成立后，后海塘仍是镇海、江北地区的重点防潮设施，分别于1957年、1964年两次修葺。到20世纪80年代，因城区发展建设需要，在塘外又筑"镇北"和"灰库"两条新塘。至此，这一庇护人民800余年的石砌"巨龙"才完成了它捍城防潮的历史使命。

时光荏苒，如今漫步在伟岸的海塘上，不禁让人感叹古代劳动人民的聪明才智和与大自然顽强拼搏的精神。手抚着塘坝的那一块块老的石构件，仿佛就在触摸它那段久远的历史。昔日的后海塘早已成为镇海百姓休闲漫步的一处风景点，塘下的渔码头早已不见踪影。而四五十年前，这里曾是一幅渔乡美景。每当涨潮时，站在海塘上就能望见茫茫无际的大海，滚滚海浪一浪接一浪地涌来，浪花飞溅，耳旁听到的是海浪相互追赶嬉闹"嘘、嘘、嘘"的呼叫声和海浪撞击海塘"嘭、嘭、嘭"的拍击声，像交响曲，优美动听。每当渔汛季节，人们早早等候在码头上，迎接满载而归的渔船从大海上驶来，一艘艘渔船停靠在码头旁，渔民们在船上船下紧张地忙碌，笑容满脸洋溢着丰收的喜悦……此情此景仿佛昨日，而今只剩沧桑，让人感叹、让人追忆。

江海安澜的印迹

——浙东海塘

◎ 裴新平

题记：浙东海塘是指钱塘江南岸及宁波地区的防止海潮泛滥而修建的堤岸，现在指的是宁波钱塘江口以东包括宁波、舟山、温州、台州等地的海塘，是一座延绵几千公里的海上长城，抵御着海潮、台风巨浪的冲击。浙东海塘的修筑最早由民间自发围垦海涂拓展耕地开始，修筑土塘的历史可追溯到隋唐时期。历史上浙东海塘的新塘一经建成，旧塘堤即随之废去，然而塘河不废，一以蓄水灌溉，二以便利交通，三以消纳过塘咸水。

人海之间的屏障

千百年来，背山面海的地理特征，使得浙东沿海地区人民依山而居、伴海而生。然而，古代因为受到造船以及航海技术的限制，海洋捕捞业风险极大，农耕仍然是沿海人们的主要求生方式，人民生命和田园庐舍面临台风和风暴潮等自然灾害的巨大威胁。

明、清两代五百余年，浙东一带发生台风造成巨大灾害的年份，有文献记录的就有93年，其中明代39年，清代54年。在这五百多年里，虽然有台

作者：裴新平，女，浙江水利水电学院教师，从事水文化宣传及研究工作。

风灾害记录的年份仅占 17.1%，但台风带来的灾害却骇人听闻、影响广泛。如明洪武八年（1375 年）温州府"水暴溢，飓风激海潮，相辅为害，崖崩屋仆而（斗）门亦圮"；洪武十一年七月，台州"飓风海溢"，八月"大风雨，山谷暴涨"；隆庆二年（1568 年）七月强台风在台州沿海登陆，肆虐三日，造成"溺死人民三万余口"的惨剧。清雍正二年（1724 年）七月十九日，定海厅"大风雨，海潮倾，塘溢……漂没庐舍"；乾隆二十八年（1763 年）八月台风登陆温州平阳，飓风大雨，海溢，"漂没屋庐人畜无算"；乾隆三十一年（1766 年）七月，太平县"大风海溢，三塘、二塘坍，漂没无算"，潮退后，"僵尸敝野""苗稿无收"；乾隆四十二年（1777 年）八月，象山县"飓风发，倒坏塘岸桥梁无算"；咸丰四年（1854 年）七月初三日，黄岩"飓风陡作，越日愈甚。初五日午后，潮上海溢，水如山立，倏忽之间陆地成海。淹死男妇五六万计，积尸遍野，庐舍无存"。

为抵御风暴潮带来的侵害、减少灾难带来的损失，智慧勇敢的浙东人民沿海岸修筑起防潮工程——海塘。海塘既是人海之间的边界，也是人海共生的纽带。海塘的兴修事关民生福祉，对浙东沿海地区农业开发以及沿海民众生命财产安全至关重要，是浙东人民生产、生活得以正常运转的有效屏障，促进了沿海人口的增长和经济的发展。对于浙东海塘修筑的位置和带来的利益，《民国台州府志》所言再契合不过："凡海潮所至筑塘以捍之皆为海塘，非必沿海而后为海塘也。台属六邑，临、黄、温、宁东皆滨海，固已塘堤绵亘，长或五六十里短或一二里，即不滨海而濒江、濒港，亦皆如仡仡崇墉"，"不使潮汐灌注，故斥卤尽为膏腴，海塘之利溥矣哉"。

自古至今，人类在与大自然的和谐共生中不断拓展生存空间，浙东海塘旧时虽多由民间修筑并因明清两代的两次海禁而有所中断，但始终像座长城雄踞海滨，不但作为屏障护佑了黎明苍生，也成为一道靓丽的风景，装扮了海滨的一座座城邑与村落。

依稀可辨的历史印迹

钱塘江南岸海塘民国以前也称浙东海塘，现统称钱塘江海塘。浙东海塘是指宁波甬江口东延再南延的濒东海岸线、岛屿岸线及感潮河流两岸抵御潮汐的人工堤岸，由浙东海塘宁波段、舟山段、台州段和温州段组成。

对于每一个生长在浙东沿海的人来说，海塘都是一个特殊的存在。它承载着浙东人民太多的故事与回忆，说不清也道不完。

浙东海塘最早是由民间自发地围垦海涂拓展耕地开始，修筑土塘的历史可追溯到隋唐时期。明代宋濂的《横山周公庙》碑文，追述的是横阳神祇周凯在温州治理水患、修筑海塘的功绩，虽属神灵传说，终有迹可循。五代时期（907—960年）中原战乱，内地移民有的寄籍椒江两岸，垦涂耕种，聚族而居。此时，涂田的岁入已列为朝廷征税范围。宋代开始官方介入海塘修筑，并有土石筑塘的记录，目的是保护已有耕地。如王安石在鄞州创置的陂陀塘。明清两代，沿海修筑了较多海塘，温黄平原在清光绪初已修筑到六塘。民国时期各地政府官员与士绅组织当地围涂筑塘，有的地方还设有塘工办事处、塘工委员等专职，推动海塘修筑。历史上新塘一经建成，旧塘堤即随之废去，然而塘河不废，一以蓄水灌溉，二以便利交通，三以消纳过塘咸水，故历代海塘遗迹均可按塘河辨识。

温、台、丽等地广泛存在平水大王崇拜现象

守护一方的宁波海塘

"海定则波宁"，是宁波这座海滨城市之名的由来。浙东海塘宁波段，从甬江口东岸至三门湾止，称为滨海海塘。最早见于史籍的海塘为象山岳头塘，相传为晋人陶凯所筑。

典型的陂陀形石塘——著名的"荆公塘"，由北宋荆国公王安石在宁波创建。北宋庆历七年（1047年），27岁的王安石出任鄞县知县。王安石在鄞县的主要贡献就是以海塘修筑为主的水利建设，"起堤堰，决陂塘，为水陆之利"。创造了曾作为样板的"荆公塘"型。该石塘呈斜坡式，一改过去直立塘式，又称王公塘。王安石创造的陂陀塘打破了传统的直立式塘型，抗潮能力

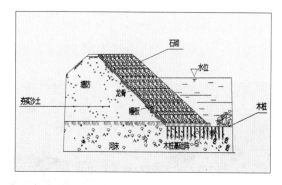

荆公塘塘型结构图

更强，曾作为样塘为后人效仿。

象山岳头塘，相传为晋人陶凯所筑。

历史上宁波以小塘围涂护田者，不计其数。比较大型的海塘工程有：

唐明州兵马使司陈彦图于后梁时辞官隐居于奉化鲒埼乡下陈村，捐资修筑下陈至松岙间海塘，后人为志其功，曾建下陈庙一座。

五代时（907—960年），奉化岳林寺布袋和尚在杨村乡翔鹤潭江以囊沙垒为塘，塘内得田二千余亩。

明正统十一年（1446年），宁海县尉雷震倡筑白峤塘，在县东四里。万历年间（1573—1620年），塘被涨沙堆积成田。明嘉靖四十一年（1562年）年，鄞县令何愈主持修筑千丈塘。嘉靖年间（1522—1566年）镇海县令金九成在灵岩乡增修金公塘。明万历三年（1575年）在崇邱乡筑万松塘。明末，张苍水抗清退御至长亭，率部屯田宁海，曾在山头村修筑门前塘。

清光绪七年（1881年），象山地方士绅组织建成龙泉大塘，该塘由多段小塘组成，共长2600余丈，得田15000余亩。光绪八年，象山修筑鹤浦大塘，位于一都二都之间，塘长2400余丈，围涂8400余亩。

民国14年（1925年），奉化建筑办事处拨款1480元，于杨村翔鹤潭筑

成海塘 305 米。民国 29 年，又投资法币 34.8 万元，重建和培修部分海塘。

宁海县在民国时期（1912—1949 年），围涂垦田 38 处，面积 3 万余亩。

维系生命的舟山海塘

1953 年以前，舟山为宁波所辖，其以群岛建市，有大小岛屿 1390 个。舟山地区海塘建筑呈多、小、散。修筑较集中、规模较大的有舟山本岛、朱家尖岛、六横岛、岱山岛及嵊泗本岛（泗礁山）等几个大岛。

海塘是舟山的生命线

唐代以前舟山筑塘史已无可考，宋代所筑海塘规模和数量都有限，所知定海白泉计工塘，始建于南宋嘉定年间（1208—1224 年），现已为三线海塘。

元代（1271—1368 年），舟山当地居民在沿海建筑海塘围涂形成涂田已成普遍现象，由于海塘简陋，多以土石混合为原料，易为海浪冲损，保护涂田的功能也有限，因此"或遇风潮暴作，土石有一罅之决，卤水冲入，则田复涂"。

明初，朱元璋采取海禁政策，海塘修筑受海禁政策影响很大，"塘碶久废，河与海通，朝潮夕汐，靡日不浸"。海禁解除后，海塘修筑逐步恢复。

清初缪燧（1650—1716 年）任定海知县达 22 年之久，是舟山海塘史上不得不提的重要人物。在任期间，修筑海塘 23 条，总长 13173 丈，围垦良田万余亩。缪燧之后，舟山的海塘修筑活动不断，修筑范围更扩展到周边大小各岛。康熙朝所筑海塘，多数位于舟山本岛。其中康熙二十七年（1688 年）筑大柯梅塘，长 217 丈。康熙二十八年筑小柯梅塘，长 313 丈；大支塘，长 232 丈；大涂面塘，长 480 丈；竹桥里塘，长 1031 丈；东港塘，长 830 丈。康熙三十二年筑青山大塘和青山小塘，两段计长 1008 丈；另建有董家塘 163 丈。

岱山岛雍正年间建 1410 丈的石字塘。乾隆年间筑 1400 丈马字塘；筑 350 丈念母岙大塘。嘉庆年间筑虎斗塘 500 丈；筑岱西镇东、西两塘计 1300 余丈；筑南浦大塘，长 2000 丈等。据《光绪定海厅志》载：岱山、长涂、衢山、秀山 4 岛计筑塘 38 条。至 1949 年，岱山县有海塘 76 条，多为土堤，迎潮面略砌石。

民国前期，在相对安定的环境下，舟山士绅组织修复和兴建了一批海塘。民国 5 年（1916 年），东沙角商人岑华封独力捐银元三千三百多元修葺海塘。由士绅上报县知事，由县报告省长并转呈大总统，获颁银质奖章一枚，并书"急公好义"四字，以旌其门。

除修复旧塘外，民国前期还兴建了多条新塘，这些塘多分布在舟山岛周边的其他岛上。位于舟山岛的新筑海塘有斜板湾塘，民国元年修筑；金塘岛有永安塘、西安塘、太平塘、永丰塘等；朱家尖岛有三益塘、合和塘、东清塘等；六横岛有靖余塘；登步岛有黄泥坎塘；虾峙岛有老太塘、泰字塘；大鱼山有湖底塘等。

见证变迁的台州海塘

台州修筑海塘历史可追溯至唐代。迄今台州市区共修筑海塘 15 条，其中明代有丁进塘、洪府塘、四府塘 3 条，海岸线外移约 3000 米。清代有张塘、头塘、二塘、三塘、正淦仓四塘、关塘 6 条，海岸线外移约 6000 米，中华人民共和国成立以来 5 条。

台州市府大道是台州主城区的一条主街道，每天车水马龙、熙熙攘攘。台州第一条海塘——修筑于明代弘治年间（1488—1505 年）的丁进塘就在这里，这也是台州市有文献记载的官方最早参与修筑的海塘。《万历黄岩县志》载："丁进塘，在五十一都霓岙，先是民田苦海潮淹没，弘治间为筑此塘，

台州路桥区蓬街镇筑塘馆，弘扬筑塘文化

约计六十余里，以捍海潮，至今赖之。"塘堤北起界牌赤山，沿古沙堤（俗称沙岗，即今椒江至路桥公路一线），至温岭市新河前山。

明代还记载有洪府塘，又称"洪辅塘"，塘堤北起乃崦，经路桥区下梁南至金清港，全长50里。四府塘，由明正德末年李姓推官主持围筑。时称"推官"为"四府"，故以为名。塘堤在洪府塘下，北起赤山，经南野份、水陡闸、小五份、坦头沈、卷洞桥、陡门闸、南达金清港，全长50里。

至清代，海塘数量渐多。清康熙十六年（1677年）黄岩知县张思齐主持围筑了张塘，位四府塘下。北起南野份，经牛轭桥、半洋朱、下陈街、下云墩、南坦、裕广堂，南至金清戴家，全长40里。塘堤南北两端及中间局部地段与四府塘重合。还有北起赤山，经沙殿市、平安堂、炮台宫、杨府庙、南新市、上路廊、汇龙桥，南至金清港，全长40余里的头塘；塘堤北起赤山，经沙北乡、二月二殿、石柱殿、竿蓬街、分水闸，南至下塘港，全长40余里的二塘；塘堤北起老岩头闸，经沙北乡、万福桥、双关庙街，南至下塘港，全长40余里的三塘；以及清光绪二十一年（1895年）黄岩知县关钟衡征工围筑的关塘。该塘堤北起岩头，经沙北，至鲍浦鱼池折向东南行，达金清南直塘，全长43里。据载，此后不到10年，突遇洪潮暴起，沿海赖此塘挡御而幸免劫难。

民国海塘汤塘，又称"外塘"，民国9年（1920年）、12年（1923年）海门遭两次洪潮大灾，灾情奇重，会稽道尹朱文劭遂于14年（1925年）委临黄温塘工委员汤赞清修筑此塘。北起天打殿，曲折东南行，经沙北、鲍浦，至十八股坦街南直塘，全长40里。清代至民国，围筑海塘已占黄岩县耕地的七分之一。

古韵犹存的温州海塘

温州海塘修筑的最早记录为明代宋濂的《横山周公庙》碑文。该文追述了西晋横阳（今温州）神祇周凯在温州大地上治理水患、修筑海塘的丰功伟绩，描述出温州海塘修筑的早期图景。由周凯率众修建的温瑞平海塘，距今约1700多年。其沿市区、瑞安、平阳海岸线布置，全长50公里。至今，该工程遗迹仍有保留。

南塘是温州最早建成的第一条古海塘，亦是温瑞塘河的塘堤。北起自温州南门，南至瑞安县城东门，长达70公里。南塘始建于晋代，唐以前，沿海平原的成陆速度相当慢，成陆区域大多在各个港湾内，各村落完全可以依靠自己的力量修建较小规模的海塘"堠"。随着海岸线向外推移，成陆范围由港湾以内演进到港湾以外，并渐渐地将零散的土塘连接起来，至唐代，南塘全线贯通。

宋代石岗陡门遗址

海塘随着海岸线的后退渐渐丧失了御潮功能，逐渐演变成为仅供航行和灌溉的河流，即通常所说的塘河。

温州的古方志大多记载明清的海塘修建活动，浙江"东西十一郡，杭、嘉、宁、绍、温、台濒临大海"，"温、台山多，土性坚结，所有海塘之处间多"。明代《弘治温州府志》载："盖自开辟时即有此海，自桑田即有此乡，自御海即有此塘。"南宋时期，南塘久圮失修，历任知府因工巨糜费不愿大力修筑。

　　据载，南宋淳熙十三年（1186 年），温州太守沈枢倾政府之全部财力，发动民众整治疏浚温州到瑞安长达 70 多里的七铺塘河，修缮河东岸的石堤，铺设石板，辟为"南塘驿路"，并在河里遍植莲藕，南塘因此得有"旧时驿路，百里荷花"的美誉。

　　南宋绍兴年间，飞云江南岸平原在地方官和乡绅的主持下，将各村落独自建成的小海塘"埭"连接成统一的海塘——沙塘，并创设陡门和其他附加设施。于是，在飞云江南岸平原，"上蓄众流，下捍潮卤，有沙塘为之城垒，潴其不足，泄其有余，有陡门为之喉襟"，形成完善的水利系统。用以"下捍潮卤"的是海塘，"上蓄众流"的是塘河，而作为"潴其不足，泄其有余"的"喉襟"则是陡门。可见，宋代温州沿海建设海塘时已充分考虑到拦海潮和蓄水灌溉，排泄积潦等多种功能。

温州鹿城南塘河新貌

　　明嘉靖二十七年（1548 年）至三十年（1551 年），在永嘉场修建沙城海塘，南从长沙起，北至沙村寨，历时三年修成。塘长四千六百余丈，全部以条块石砌筑，它是温州第一条迎海面大石堤。此塘外足以御寇，内足以斥卤以资灌溉。明嘉靖二十七年（1548 年）至三十年（1551 年），在永嘉场修建沙城海塘。清雍正四年（1726年），兴修了南自三都蓝田码道，北至四都，长一千五丈的山北塘。清光绪年间（1875—1908年），新建的海塘离明代沙城又有5公里之远。随着瓯江河口逐渐向东海延伸，滩涂进一步淤涨，筑堤塘的岸线也随之变化。

固若金汤的东海大堤

中华人民共和国成立之初，浙东海塘以修复加固为主。1994年8月21日，9417号台风先带来巨浪，飞云江北岸至乐清湾巨浪滚滚，局部拍岸海浪高达12米，1700多艘船只被巨浪打沉，更有千吨渔船被巨浪掀进大海。在台风登陆前后几个小时内，温州市百余公里海岸线纵深1公里汪洋一片，共造成1126人死亡，319人失踪，损失达177.6亿人民币，为有记录以来闻所未闻。1997年第11号强台风，其暴潮强度在宁波沿海为50年一遇，温岭以北浙东海塘损毁严重，沿海一带被潮水淹没。

1994年被台风冲毁的永强大堤

　　灾后，浙江省人民政府决定建设高标准浙东海塘。12月成立浙江省标准海塘领导小组，省长柴松岳任组长，各地成立了相应的海塘建设领导机构。1999年11月，省长柴松岳要求以"勒紧裤带，砸锅卖铁"的决心，投入海塘建设；经5年多努力，基本完成建设任务。东海大堤在这样的背景下孕育而生。

　　东海大堤，又名永强大堤，位于温州海滨街道蓝田到海城街道的海岸线上，全长19.1公里，顶宽6～10米、底宽约40米、高10.1米，是一条集堤、河、路、林于一体的坚固石堤。该大堤因工程浩大、景色壮观，被称为"东海第一堤"。人们赞它是东海奇观、人间神话。

万众一心修筑的永强大堤经历9711号台风漫而不决，冲而不跨

　　东海大堤工程浩大，修建堤坝资金达亿元，原计划工期为3年，但在全社会的共同努力下，温州率全国之先，采用集资方式，动员社会力量，仅用11个月即宣告工程修建完成。

　　"温州速度""温州精神"造就了这个中国水利史上的工程奇迹和全国一流样板海塘。这条横卧东海之滨的巨龙，让温州人引以为豪，它抵御了多次强台风，为保护人民生命财产安全立下了汗马功劳，是抵御海侵灾难、护佑一方苍生的生命之堤。

苕溪两岸的屏障

——西险大塘

◎ 吴丽丽

> **题记：** 西险大塘位于杭州西部东苕溪右岸，始建于汉代，是重要的防洪屏障。东苕溪在浙江八大水系中防洪压力最大，西险大塘一旦决口，洪水下泄，杭嘉湖地区将遭受灭顶之灾。西险大塘的安全自古就是浙江防洪抗灾的重中之重。

在浙江大地众多的河流中，唯有苕溪，是在汇聚了各路支流之后，始终朝着北方流淌，最终注入浩渺无垠的太湖。苕溪沿岸盛长芦苇，进入秋天，芦花飘散如飞雪，令人赏心悦目。当地居民称芦苇为"苕"，溪因而得名"苕溪"。苕溪，一个简洁而素朴的名字，似乎还充盈着女性的阴柔，多情而含蓄地涓涓蜿蜒。这条被浙北人民视为母亲河、生命河的河流，不仅孕育了富足的冲积平原，还孕育了悠久而灿烂的历史文化。

苕溪芦花迎朝霞

苕溪两大支流之一的东苕溪，"汇万山之水于一溪"，源出临安东天目山的马尖岗，流经余杭、德清、湖州诸县市，流经良渚文化遗址群，将良渚文化遗址群分割为东、西两片。先人显然早被这条阴柔的河滋润过，他们还喜

作者：吴丽丽，女，就职于浙江省杭州市余杭高级中学，系浙江省作家协会会员。

余杭东苕溪通济桥

欢把墓茔安放在苕溪两岸，以便在春涨秋落时，谛听河水的呼吸……而苕溪
的另一大支流西苕溪，则源出安吉县的崇山峻岭间。

东苕溪在余杭境内似乎"静如处子"，而事实上，她也有"动如脱兔"

北苕溪芦花迎朝霞

的时候。从余杭镇西石门桥起，下至德清县城南大闸止，在杭州北部有一条汉代就开始修筑的重要防洪屏障，因位于杭州之西，堤塘险要，故称西险大塘。西险大塘一旦决口，包括杭州在内的重要城市都将遭受水灾。远远望去，横亘在油绿葱茏的农田之上的西险大塘颇为坚实壮观。每年的汛期，我们也总会看见巡堤或者固堤的人，他们无疑最熟悉苕溪的脾性。

西险大塘保平安

《杭县志稿·水利》"西险大塘"条载"自余杭石门桥起，至化湾入县境，东至奉口陡门，沿西为武康县境，北至劳家陡门入德清县境之通称"。那么，"西险大塘"之"险"，又该作何理解呢？可以从三个方面来认识西险大塘"险"在何处。

一"险"险在大塘所围之东苕溪，汇集的是天目山区1200多平方公里暴雨的全部来水。1963年9月12日的一场台风，3天时间，天目山区雨量平均高达350毫米，中心雨区竟达465毫米，致使东苕溪径流达到了1080立方米/秒，瓶窑水位（吴淞标高，下同）8.62米，而杭州中山中路的标高只有4米多一点。这是什么概念呢？就是说，只要西险大塘决口，滔滔洪水下泄，整个杭州以及杭嘉湖地区都将遭受灭顶之灾，广袤的杭嘉湖平原和千百万人民必将处在泽国之中。因此，全浙江八大水系中，防洪形势最紧张的就是东苕溪，而西险大塘的安全则是省政府防洪工作的重中之重。

二"险"险在苕溪历来洪水频仍，杭州、余杭除钱塘江潮灾之外，尤以东苕溪洪灾为最。据史料不完全统计，从西晋咸宁四年（278年）至1999年的1721年间，发生特大洪灾的就有189年，其中不少就源于西险大塘的崩塌和决口。"西险大塘旧以险名，当三苕（西苕、南苕、中苕）汇合之冲，左多高山，右皆平壤""汇万山之

不同时期砌石护岸

水于（东苕）一溪，下关杭嘉湖三郡田庐性命""三水既合，势益奔涌，直

流暴涨，不能追泄，则泛滥为害，流尸散入旁邑，多稼化为腐草""苕水发源天目，经两郡六邑以入于具区。二当天目之麓，山隘地高，水经三邑，处其下流，水势奔放不可为力；余杭界其间，襟带山川，地势平彻，当苕水之冲。流洪常一再至，久雨或数至。倏忽弥漫，高处二丈许，然不三日辄平。其为患虽急除，而难测以御也。故堤防之设，比他为重。使是邑也，无堤防则野不可耕，邑不可居，横流大肆为旁郡害。故余杭之人视水如寇盗，堤防如城郭。旁郡视余杭为捍蔽，如精兵所聚，控扼之地也"。

三"险"则是大塘的隐患不少。东苕溪围圩为堤始于何年？神话传说是始于大禹治水，但有文献记载的则是东汉熹平二年（173 年），以后又经历朝历代的挑土填石，修缮加固。但是，西险大塘毕竟是始于 2000 年前的古老工程，鉴于当时的财力、物力和技术、工艺水平，大塘的原始基础是很差的。这从当时命名，至今还在沿用的几段塘名就可以看出：烂泥湾塘、瓦窑塘、压沙塘，还有獐山段的砻糠塘。说到底，这些段落的大塘，堤心包裹着的是烂泥、沙子、瓦砾之类的物质，一经洪水冲击，就像砻糠一样不牢固，就会管涌丛生，千疮百孔，以致成片地坍塌。

好在苕溪两岸的人民把大塘的护理当成头等要务，历朝历代都颇为重视，千百年来形成了一套约定俗成的规矩：修塘分大修和岁修，岁修是全民动员，丁壮全部上塘，岁修以村为单位，分工承担，以每村百工为限；每段堤塘都设有塘保，若大水来犯，由塘保鸣锣报警，以聚众护堤或抢修；严禁擅自砍伐塘松，严禁塘上放牛食草，严禁迎流网鱼……

中华人民共和国成立后，东苕溪治理采取防重于抗和流域综合治理的方针，上游兴建水库拦蓄洪水减轻苕溪压力；中下游疏浚河道截弯取直，使泄水通畅；加固加高堤防提高防御能力；改建沿塘涵闸，便于人工控制调节分洪。建立专门管理机构常年维护管理。

西险大塘除岁修维护外，规模最大的维修工程要数 20 世纪 80 年代后的 2 次。1984 年 6 月的大洪水，水位再次超过历史最高纪录，西险大塘出现严重险情，经军民全力抢救才脱险。是年秋，浙江省人民政府决定对西险大塘进行全线除险加固，主要是在堤身三分之一高度的背水坡上筑一条 7 米以上的石渣平台，以保护堤身稳定；对渗漏地段做导渗沟和套井围填；改建老涵闸等。工程耗资 2000 多万元，当时的省水利厅厅长钟世杰曾经说过一句话："我们一定要让西险大塘变为西安大塘！"

1995 年 10 月，省市政府根据国家治理太湖的总体规划，又要求按百年一遇洪水标准对西险大塘进行全线加高加固和防渗处理、退堤还溪的二期工程建设。至 2005 年年底第二期加固工程完工，西险大塘全线拼宽加高，背水坡堤脚石渣平台从 7 米拼宽至 8 米，部分地段防渗漏处理、改建沿塘部分涵闸及瓶窑、安溪二束窄段退堤。西险大塘二期工程完工后，整个东苕溪内部防洪体系得到完善，形成一个较为完备

20 世纪 60 年代西险大塘德清段

的拦、滞、御、导、排的防洪体系，使昔日的烂泥湾塘、瓦窑塘、压沙塘、砻糠塘等等都成了历史名词，西险大塘成了真正让人民放心的"西安大塘"，即便洪水奇大，往往也是有惊无险。

2011 年，余杭十大历史文物评选中，西险大塘以高票位居榜首。一座几千年前人类筑成的工程，至今仍然英姿勃发，且还在造福于人类，这是何等伟大又神奇的事情。如果说苕溪是余杭的母亲河，那么西险大塘则像是以自己伟岸的身躯保卫家园的伟大父亲，父爱如山啊！

西险大塘德清段

西险大塘余杭段

值得一提的是，西险大塘不仅拱卫着溪下的城市，自己也成了一道独特的风景。据说站在西险大塘堤顶，向南眺望，越过大片绿色田畴，可以看见一片轮廓清晰的楼厦，那便是杭州城了。若是天气晴好，视力不错，还可以隐隐约约地看见钱塘江。当然，如果站在田畴上远观西险大塘，那蜿蜒巍峨的气势，是能与长城媲美的。风过两岸，芦苇的沙沙声与苕溪的汤汤流水声相融，那真是大自然最美的音乐。

"西塞山前白鹭飞，桃花流水鳜鱼肥。青箬笠，绿蓑衣，斜风细雨不须归。"这是唐代诗人张志和的著名词句。此词的生动意境，神似地勾勒出了西险大塘的风姿。待到春和景明，苕溪岸边绿草如茵，小小野花成堆盛放，牛羊在岸边埋头吃草，白鹭划过清澈水面，人们三五成群在大塘上漫步，多么动人的画面。

最早的"水上文明"

——良渚遗址

◎ 鲁晓敏

题记：良渚古城拥有"山、河、湖、城"一体的格局，距今约 5300 年至 4300 年，是一个具有宫殿区、内城、外城和外围水利系统四重结构的庞大都邑。良渚水利系统是迄今发现的中国现存最早的大型水利工程。在古城以北大遮山下，良渚人利用山势地形修建了塘山坝群，横亘在大遮山与良渚古城之间，汛期来临之际，挡住大遮山奔泻而下的山洪；枯水时，又将涓涓细流注入平原低坝区。古城遗址于 2019 年 7 月入选《世界遗产名录》，习近平总书记在浙江工作期间曾称其为"实证中华 5000 年文明史的圣地"。

良渚，将中国治水史提前了千年

4000 多年前的上古时期，黄河流域经常发生大的洪涝灾害，陷入连年水患之中。舜帝任命一个叫鲧的官员率领民众治水，鲧的办法是"兵来将挡，水来土掩"，也就是"堵"。"堵"显然解决不了问题，越堵洪水越猛，灾害越重，鲧戴罪身死。鲧死之后，舜让鲧的儿子禹接续治水，禹擦干泪水，带领民众走上了治水的征程。禹汲取了父亲的教训，改"堵"为"疏"。一个

作者：鲁晓敏，男，系中国作家协会会员，浙江省散文学会副会长，《中国国家地理》杂志特约撰稿人。

"堵",一个"疏",一字之差,效果截然不同。在大禹的率领下,天下民众齐心协力,凿通挡水山梁,导流围堰积水,历时13年,终于理顺了万条江河,滔滔洪水被驯服,地平天成,人民安居乐业。禹的儿子启接禹王之位,开启了中国历史上第一个王朝——夏。

禹,就是我们今天所说的大禹王,在我的家乡浙江松阳,古村落里大多建有社庙,常见的社神就是大禹王。治水英雄代替了土地神,进入千村万户,成为庇佑众生的神祇。

禹的治水功绩在中华大地上流传了4000多年,那是一个没有文字的时代,并且当时的治水遗迹和物证也早已湮没,一些学者由此怀疑大禹治水的真实性,甚至以此质疑5000年中华文明的时间长度。直到一个遗址的发现,不仅将中国治水历史提前了1000多年,更重要的是,它的出现,震惊了对中华文明史持怀疑态度的学者们。

这个遗址坐落在距离杭州西北20公里的余杭区良渚镇。

良渚古城遗址

良渚,拥有当时世界上最大的水坝系统

1936年,良渚人施昕更回到了家乡探亲,这个年轻的考古学家一心扑在田野里,寻找儿时常见的那些奇形怪状的物件。经过长期艰苦地发掘,大量

经过精磨细制的石犁、石斧、石镰、石镞、石矛被呈现出来，施昕更冷静地把发现的成果一笔一捺地写在了良渚考古报告上，就此向世人揭开了蒙在良渚脸上的神秘面纱。

此后数十年间，随着发掘成果的不断扩大以及认识的不断提高，良渚遗址在人们意识里升华为一种文化，进而意识到这是一种文明形态。良渚就像魔法世界一样呈现在世人面前，一个远古的文明从压得扁平的地底下站了起来。良渚古城只是这个文明的都城，它的区域遍及太湖流域，影响力辐射至大江南北。

良渚以及外围水利系统的发现，告诉人们一个铁一样的事实，远在大禹之前的1000多年，太湖之滨就已经形成了高度的文明，还拥有当时世界上规模最大的水利系统。良渚人跨越时代的规划理念、先进的营造技术、发达的水利系统，甚至超越了同时期的古埃及、苏美尔、哈拉帕等史前文明。

大禹治水是克除水患，良渚人的治水则是建设一个引灌、蓄泄兼备的水利工程。良渚水利系统中有"堵"有"疏"，你中有我，我中有你，实现了两者的有机结合。

我们先看一下，良渚人如何做"堵"的文章：良渚古城西北方向，一条"Y"形溪流由西北向东南流淌而来，良渚人在"Y"形溪流顶部两侧各筑一组水坝群，截出两个水库，库容分别为550万立方米和1130万立方米；紧接着，他们又在"Y"形溪流底部建一组水坝，依托几座小山丘将水坝连成一条线，携手拦起一座库容达4486万立方米的水库。

三组水坝分别地处"Y"形溪流的上下游，构成了谷口高坝区和平原低坝区，利用地势落差将水流引到良渚古城及周围的盆地之中，基本实现了自流灌溉。这些拦水大坝的选址恰到好处，各司其职，相互依存，层层递进，如同一把把梳子，狂乱的水流在它们的疏导和分流下变得顺畅妥帖，一条条水道、水渠、水沟舒展在广阔的田野上，勾画出良渚文明的生动画卷。

在良渚古城以北大遮山下，良渚人修建起了一道5000米长的塘山坝群，由数条横向的坝体和纵向的坝体围成一个组合蓄水池。这条坝群高3～7米，宽20～50米，横亘在大遮山与良渚古城之间，汛期来临之际，它挡住了大遮山奔泻而下的山洪。枯水期时，它又将涓涓细流收集到这个狭长的水池中，再利用地势注入平原低坝区，实现了"东水西调"。

毫无疑问，在农耕时代，水是生存之根本，水利设施是国家之命脉。只有将水"堵"住，才有取之不尽用之不竭的灌溉之水，才有五谷丰登，才能积累雄厚的物质财富。这些水坝比城墙早建约一个世纪，由此证明，水利催生了良渚发达的农耕社会，积累了一定财富后，才动手修建大型的城墙体系。

物极必反，良渚人深谙这个道理，当洪水来临之时，库容暴涨，他们就依托山间天然隘口作为溢洪道，进行开闸泄洪，这就是"疏"，或者叫"泄"。早在都江堰之前两三千年，天才的良渚人设计出与自然浑然天成的水利体系，营建出了富饶的"鱼米之乡"。

从空中俯瞰，由北向南，从西到东，3个水库加1个蓄水池，蓄水总量达到惊人的6000多万立方米，超过了4个老西湖！一眼望去，尽显一派烟波浩渺。仅仅傍湖还是不够的，穿梭在城内数十条曲折蜿蜒的水道，将良渚古城与周边的山丘、河网、湿地连接在一起，形成了"山、河、湖、城"一体的格局。今天浙江许多平原城市的布局，与良渚古城似乎一脉相承，城外多有一方湖泊相伴，如杭州之西湖，绍兴之鉴湖，嘉兴之南湖，这些由水"雕刻"成型的城市，仿佛是良渚的延续。

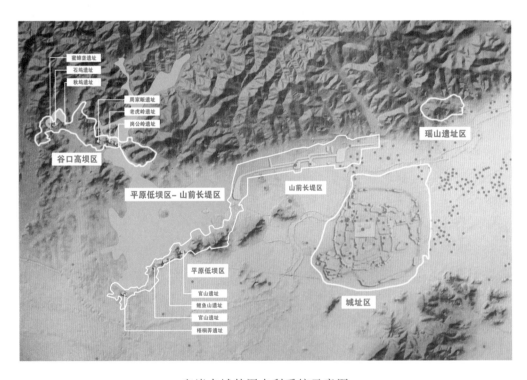

良渚古城外围水利系统示意图

11条水坝，3座水库，1个蓄水池，8座水城门，51条城内水道，环城壕沟，城外密如蛛网般的水渠，这只是良渚核心区的水利工程。我们再投射到 3.6 万平方公里那些隐秘的土地上，一定还隐藏着无数个水利设施，无数次的"堵""疏""储""泄"在一次次地上演，大大小小的水利体系支起了良渚文明。

良渚，展现了强大的组织功能

良渚遗址，是余杭区良渚、瓶窑、安溪三镇之间众多遗址的总称，核心在今天的瓶窑镇。专家推测，当时在这片土地上居住着约 4 万民众，可以说，良渚已是当时的国际一线大都市。

当我眺望这片环形的大地时，视线已经被无数的高楼建筑物所切割和阻挡，良渚古城断断续续地蛰伏在眼皮底下。良渚盆地早已走出了农耕文明，进入工业化时代，即便如此，部分坝体依旧傲然挺立，发挥着最古老又是最实在的储水和灌溉功能，仍然焕发出生命的芳华。

我看到的只是良渚古城若隐若现的骨架，无数的未知还藏在地底。车辆行驶在路上，也许路底下就曾是良渚人的码头；我站的栈道，也许是曾经的街道；我走过的低坎缓坡，也许就是过去平坦的广场。城市空间、时间维度，在这里不断交换错位，不断激发我的想象力。

良渚人当年营造出震古烁今的水利工程，让人感觉到不可思议，却是实实在在地存在。作为迄今所知最早的中国水利设施，它既是大型综合水利设施的母本，又是中国水利文化的祖庭。它所蕴含的意义，要远远超过文物本身的价值。我们遍寻华夏大地数以万计的水利工程之后，或许会发现这样一个事实，它们很多带有良渚的血统，流传着良渚的技术基因。

良渚古城不是一天建成的。经考古专家测算，仅古城四周的水利工程，土方量就达到 260 万立方米，从 5300 年前到 4300 年前的 1000 多年当中，良渚水利设施在建设与毁坏之间轮回，在长期的艰苦努力下，终于筑起了良渚文化的权力中心和信仰圣地。

良渚水利工程的背后，显现出良渚政权强大社会号召能力和周密的组织能力。当秋冬枯水期来临时，正好也是农闲之际，统治者将闲余的劳动力招集到良渚城兴修水利，来年春耕之时，农民返回地里播种耕作。如此往复，平均寿命不到 30 岁的良渚人，从十多岁成为正劳力开始，一直到去世，他们的农闲时间基本上都是扑在了水利工地上，短暂的一生除了劳作还是劳作。

良渚博物院里有一幅巨大的油画，还原了良渚人的施工场景。在良渚首领坚定的目光凝望下，古良渚人的身影似乎在画面里活动起来，汇成一个热火朝天的劳动场景。

"嘿呦嘿呦，嘿呦嘿呦……"高亢、绵长的号子从河床上响起，施工现场一片喧嚷，成千上万体魄强健的良渚人，正在奋力地劳作着，有的将石块填铺在大坝底部，有的用竹篓背土，有的不停地向上堆土，有的大力夯筑地面，有的制作草裹泥，有的运送木头，有的正在河道两旁打下一排排木桩……丰收的祈盼化作劳动的感召，他们一路排开，从坝底到坝顶，从干渠到支渠，一片忙忙碌碌，坝体每向上伸高一尺、向前延伸一米，都留下了他们的艰辛和热忱。

我在良渚古城遗址，亲眼目睹了一段由草裹泥垒砌的水坝，它已经失去了高大的身形，只剩下了一段黑褐色的矮墙。当年，良渚人在泥土中加入荻草的茎秆，外面再包裹一层荻草，形成一个个圆柱状的泥团。加了草的泥土，内外部摩擦力大大加强，抗拉强度成倍提升，这就是沙袋的前身。良渚人先横着放一排草裹泥，再竖着放一排草裹泥，如此交叉摆放，一层层向上叠加，一座古代的"钢筋混凝土"水坝就此诞生。这也就是为什么历经无数洪水涤荡和雨水冲刷后，石坞、秋坞水坝至今仍顽强挺立的原因。

我们从良渚水利设施中可以看到，它不仅具有蓄水灌溉、防洪排涝等基本功能，它还是重要的航道。据考古学家计算，良渚古城建设的土石方量约为97万立方米，这是当时世界上工程总量最大、难度最大的建筑工程。良渚城市建设需要大量的石块和木材，这些建筑材料大部分来自上游的山区，良渚人将开采来的石块和砍伐来的木头装上竹筏，通过水库、水渠、河道一级一级地运到了建筑工地。

此时，水利设施变身为畅通无阻的"水上高速公路"，良渚人以水路作为交通主干道，不停地向外延伸，拓展出一个阡陌纵横的水路交通网，构建起一个千里江山的良渚文明。

良渚，永不消失的盛世之城

如果说水利系统是良渚的血脉，那么都城则是良渚的脊梁，以巍峨的宫殿区为核心，内城、外城层层向外扩散，码头、民居、作坊、粮仓、祭坛错落有致地分布与排列，在都城里甚至还有分等级的墓地。整个良渚古城布局严谨，配置合理，一座城市该有的功能都已齐全，后世帝国都城使用的基本都是这样的格局，所以良渚古城又被人称为"中华第一城"。

以良渚古城、良渚水利系统为主体的良渚遗址，成为人类文明发展史上早期城市文明的杰出典范，2019 年列入了世界遗产名录，标志着以良渚为源头的 5000 年中华文明史得到了世界广泛的承认。

然而，这座巨无霸一般的史前东方威尼斯，却在 4300 年前突然消失，他们只在地底埋藏了一处繁华盛世，没有人知道他们去了哪里。

我猜想，良渚的火炬传递给了夏，良渚文化的基因融入了二里头或者其他文化中，催开了五千年中华文明的灿烂花朵。其实，良渚并没有消失，相反，它在中国人的血脉里流淌了下来，我们每一个人都承载着良渚的恢弘梦想，我们每一天都在不停地遇见盛世良渚！

良，美丽；渚，水上之洲。良渚，一座浮在水上的美丽之城。我们走在良渚故地，今天已寻不着当年的水迹，却分明漾动着泱泱之水。忽然想到，看水不是水，看水还是水，这是水的哲学，这是水的至高境界。